精緻點心DIY

游純雄・王志雄／合著

暢文出版社

目・錄

基礎篇

1. 燙麵類

2. 生麵皮類

3. 醱酵麵皮類

4. 油皮類

5. 起酥皮類

6. 油炸類

7. 月餅類

8. 糕點類

9. 甜點類

10. 蛋糕類

作・者・簡・介

游純雄

●經歷

金蛋糕西點技師

頂好麵包蛋糕課技師

金蛋糕廠長

●現職

里多食品顧問

●著作

簡易家庭麵包製作

西點蛋糕DIY

精緻點心DIY

王志雄

●經歷

金葉蛋糕技師

聖瑪莉麵包技師

綠灣麵包西點組長

●現職

頂好麵包西點蛋糕課課長

●著作

簡易家庭麵包製作

西點蛋糕DIY

精緻點心DIY

作・者・序

本書為精緻可口小點心之專輯，種類包括燙麵類、生麵皮類、發酵麵皮類、油皮類、起酥皮類、油炸類、月餅類、糕點類、甜點類、蛋糕類等十大類、數十種美味點心，對於有興趣學習烘焙食品的朋友，本書讓你有機會成為箇中高手。

本書特色為圖文並茂、易學易懂，配合彩色圖片及分段步驟解說，詳細介紹所有製造過程及作法；使用之原料及器具，也都以一般市售容易取得者為優先考量。

只要你有心藉著本書熟悉製作方法，加上實際操作，你也可以在家裡享受自己製作這些美味點心的樂趣！現在開始動手，DIY的樂趣源源不斷，不只是自己，家人、朋友也將一同分享你的作品與成就！

材・料・介・紹

●**高筋麵粉：**筋性較強，一般用於麵包製作上。

●**低筋麵粉：**筋性較弱，一般用於蛋糕、餅乾製作上。

●**生 (熟) 糯米粉、在來米粉：**常用於糕點上。

●**特級砂糖、糖粉：**為製作食品的主要材料之一。

●**奶油、沙拉油、乳瑪琳：**製作食品主要材料之一，有多種種類，依溶點不同適用不同用途。

●**雞蛋：**蛋糕製作的主要材料。

●**鮮奶、奶粉：**為蛋糕製作的添加食品之一，可增加香味。

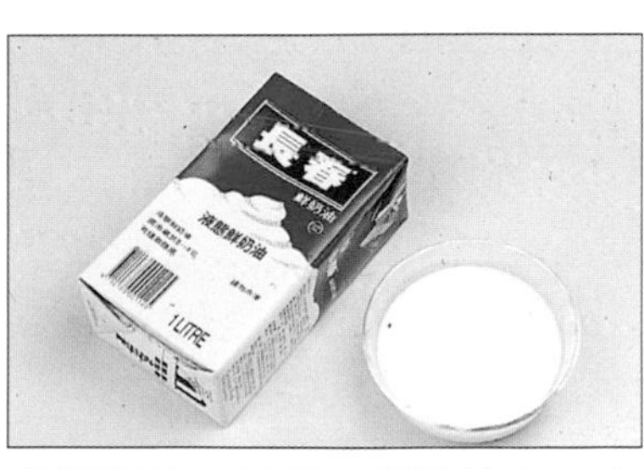

●**鮮奶油：**用於蛋糕裝飾上，也可以用在蛋糕製作上。

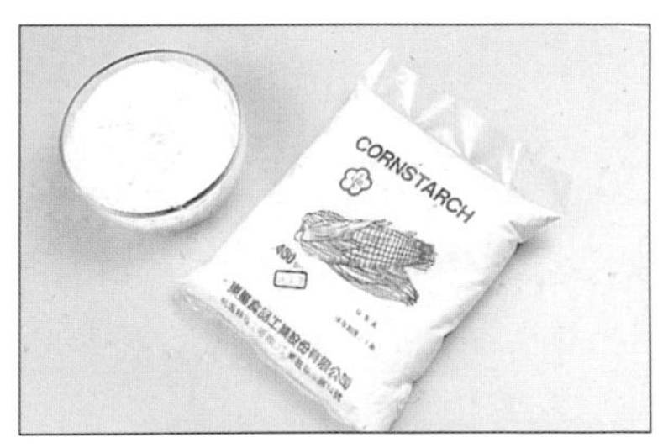

●**玉米粉：**製作蛋糕的材料之一，含有較多的澱粉。

●**胚芽、麥片：**蛋糕、餅乾製作時添加材料之一，都是健康的食品哦！

●**椰子粉：**用於裝飾或拌餡料之用。

●**咖啡粉：**增加蛋糕口味之用。

材·料·介·紹

●**巧克力磚、巧克力醬、可可粉：**裝飾巧克力及蛋糕製作之用。

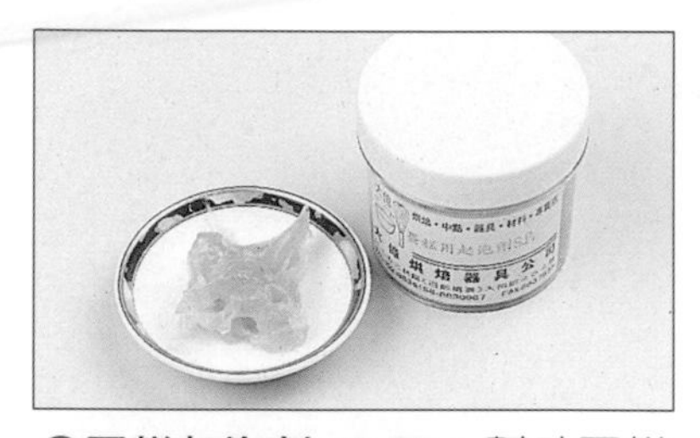

●**蛋糕起泡劑 (S.P)：**幫助蛋糕發泡，節省打發時間，但不是每種蛋糕都適用。

●**小蘇打、泡打粉、塔塔粉：**蛋糕製作時的材料之一，用來中和酸鹼度或膨脹之用。

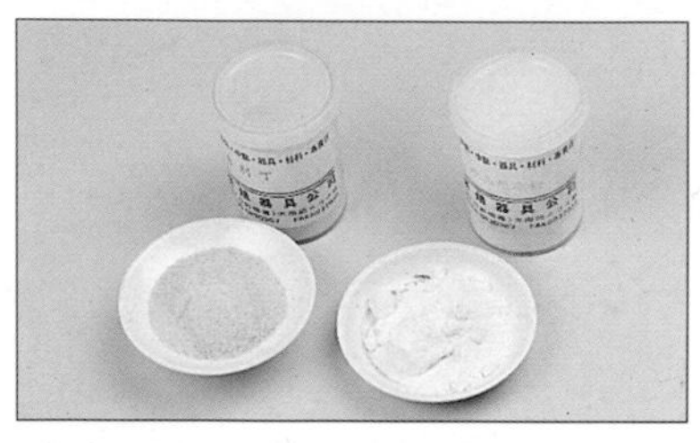

●**吉利丁、吉利T(果凍粉)：**有動、植物之分，用於果凍、慕斯蛋糕之用。

●**杏仁片、南瓜子、腰果、核桃：**乾燥之果仁，蛋糕製作時的添加材料。

●**葡萄乾、桔子皮、黑棗、蜜餞：**蜜漬之水果，調味裝飾都有意想不到的效果。

●**各式水果：**裝飾蛋糕用，各式水果罐頭皆適用。

●**豆沙餡：**一般用於夾心或糕點上。

●**各式水果酒、檸檬汁：**用於蛋糕製作上，增加風味時使用。

●**蝦米、蝦皮、油蔥酥：**常用於糕點之配料。

●**胡椒粉、芝麻油、五香粉：**常用於糕點之調味料。

●**什錦豆、蔥、香菜：**常用於糕點之佐料。

●**絞肉、火腿片：**常用於糕點，為不可缺少之材料。

器・具・介・紹

●**磅秤：**用以準確秤量所需材料之重量，一般家用以500公克或1000公克較實用。

●**量杯、量匙：**液體材料之計量器，後者為較少量乾性材料之計量器，量匙分別有1大匙、1茶匙、1/2茶匙、1/4茶匙。

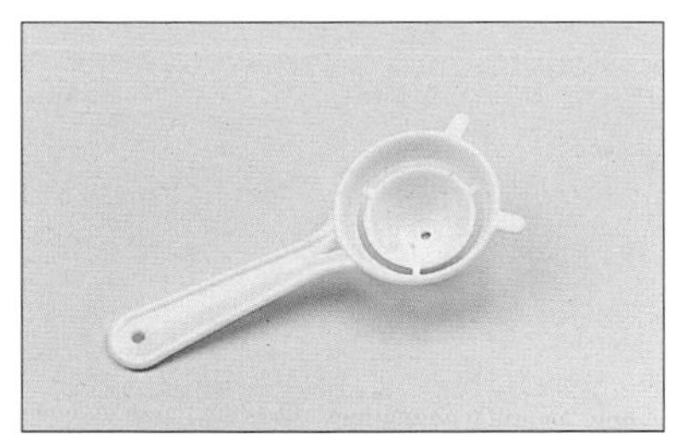

●**分蛋器：**用以分開蛋黃與蛋白的的器具，使用非常方便。

●**塑膠刮板：**用以切割麵糰或刮平麵糊。

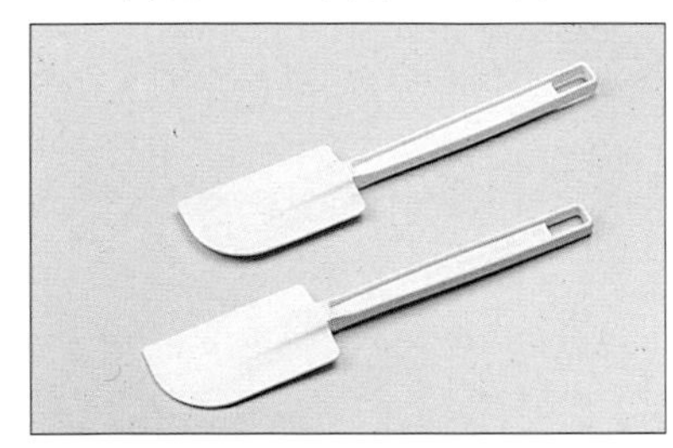

●**塑膠刮刀：**用來刮起盆內糊狀材料，也可代替手來拌料，相當衛生方便。

●**濾網：**用來過濾粉狀及液狀材料的器具，可過濾硬塊或雜質。

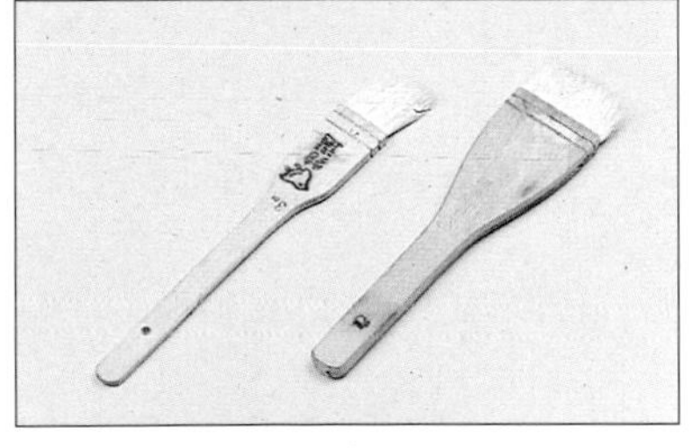

●**毛刷：**用於塗刷用，例如刷蛋、奶油、果膠用。

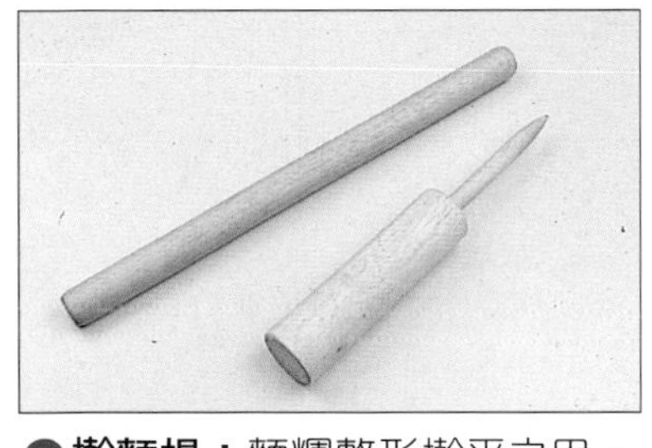

●**擀麵棍：**麵糰整形擀平之用。

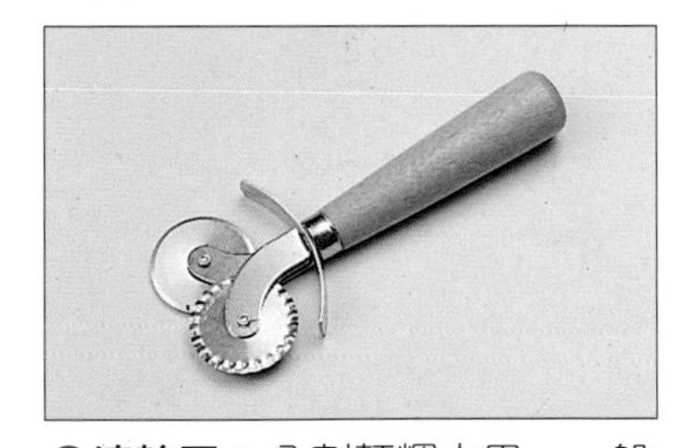

●**滾輪刀：**分割麵糰之用，一般常用於大面積，且較薄之麵糰。

●**各式西點用刀：**切割蛋糕、麵包、水果之用。

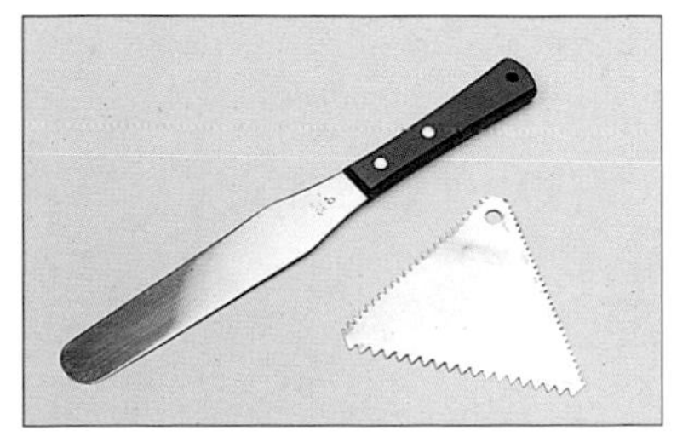

●**抹刀、齒狀刮板：**塗抹奶油、餡料及鮮奶油裝飾之用。

●**保鮮膜：**用來覆蓋待用、需冷藏或需防止水份流失的材料之用。

器・具・介・紹

●**擠花袋、擠花紙、花嘴：**填充配料，表面裝飾及擠花紋用。

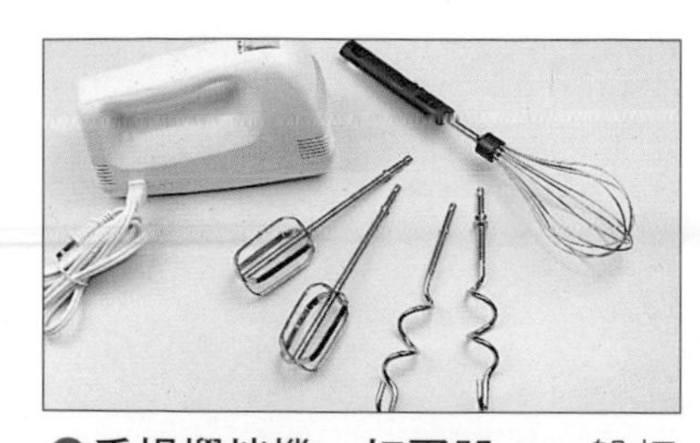

●**手提攪拌機、打蛋器：**一般打蛋器、電動打蛋器、攪拌器均是蛋糕製作不可或缺的工具。

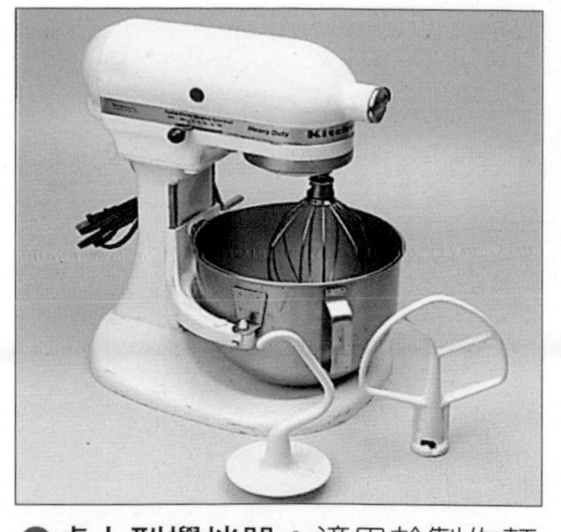

●**桌上型攪拌器：**適用於製作麵包、蛋糕拌合餡料時的工作，相當省力、省時、方便好用。

●**大小鋼盆：**常用於拌合材料或盛裝材料之用。

●**大小鋁箔容器：**填充蛋糕、麵包原料以供烘烤之用，非常方便。

●**各式烤盤：**有各種尺寸及種類，可依個人烤箱尺寸所需選用。

●**耐熱手套：**用來保護雙手，避免在烘烤過程中不慎燙傷之用。

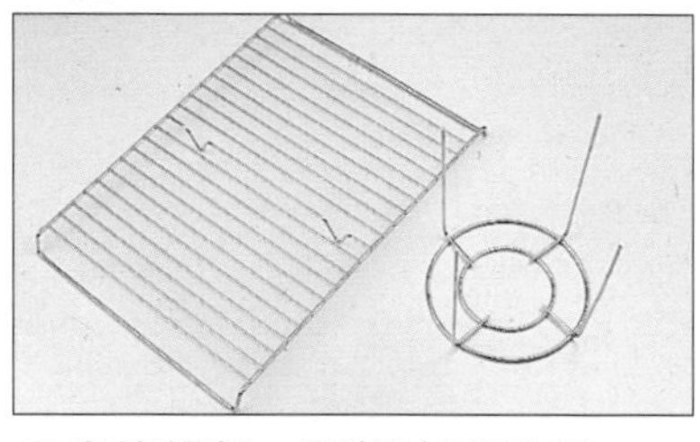

●**出爐鋼架：**蛋糕出爐時用，一般用於生日蛋糕類較膨鬆的蛋糕，出爐時將蛋糕倒置時用。

●**月餅模：**有多種重量之樣式。

●**鳳梨酥模、小紙杯：**鳳梨酥與裝盛糕點成品之用。

●**蒸籠：**一般於蒸糕點時用。

●**桌上形壓麵機：**可處理較硬之麵糰，如饅頭、麵條。

●**平底鍋、木杓：**煎烤或拌炒餡料皆好用。

注意事項與事前準備工作

蛋糕、糕點製作的步驟與要點即是準確的計量每一種材料的重量，熟習製作要領和注意每一個動作環結，如此便可製作出美味可口的糕點。本書所提供之配方、溫度、時間，因環境或器具等不同，會有些許之差異性，故所列之數據僅供參考。以下是注意事項及準備工作的介紹。

事前準備

●所有蛋糕製作之前，都須將所有粉末類材料過篩。

●在需用到奶油時，必須在製作前1～2小時，先將奶油解凍，可用手指壓下奶油來試試看是否已解凍。

●在蛋糕、糕點製作的前30分鐘，先把烤箱預熱到所需之溫度待用。

●糕點製作完成前15分鐘，先把蒸籠下的水預熱待用。

簡易擠花袋

❶擠花紙平放於桌上。

❷左手按住最長的一方，右手由另一端將紙由外向內捲。

❸一邊捲向裡端的同時，左手應將尾端確實按好。

❹裝入所需材料後，將上端的擠花紙由外向內摺疊起來，要確實摺疊才不會漏出來。

❺用剪刀剪出所需要大小的缺口。

烤盤紙的裁法

❶先將鐵板的長寬量出，兩邊各加上高度，再加上2～3cm裁下，然後在每個對摺的地方剪出斜對角線約7～8cm即可，(高出的2～3cm是因為蛋糕在烤時會稍微膨脹)。

❷鋪入烤盤後，將每個接合處用手指劃一下，讓紙出現凹痕，方便固定紙的位置。

【注意事項】
酥油加熱，與麵粉混合炒至金黃色，即成油酥。

【準備器具】
烤箱、擀麵棍、鋼盆、量杯、抹刀、橡膠刮刀、保鮮膜、量匙、濾網。

【燒餅皮材料】
每個90g，約8個

高筋麵粉……………………200g
低筋麵粉……………………200g
熱開水………………………130g
水……………………………150g
鹽………………………………4g

【油酥材料】
每個5g，約8個

低筋麵粉……………………30g
酥油…………………………15g

【烤焙溫度】
250℃約8~10分鐘

芝‧麻‧燒‧餅

❶芝麻先泡水約10分鐘濾乾待用。

❷鹽與水混合至鹽溶解。

❸高筋麵粉、低筋麵粉先加入熱開水攪拌，再加入溶解之鹽水。

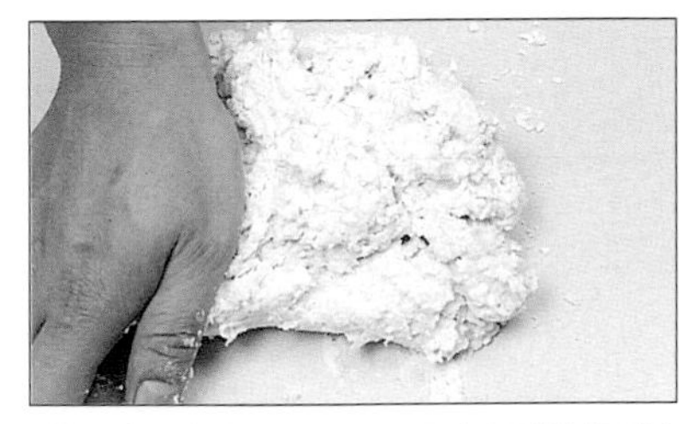

❹攪拌成糰後，移至桌面進行搓揉之動作。

❺搓揉至光滑即可滾成圓形。

❻沾上沙拉油，蓋上保鮮膜，鬆弛約30分鐘。

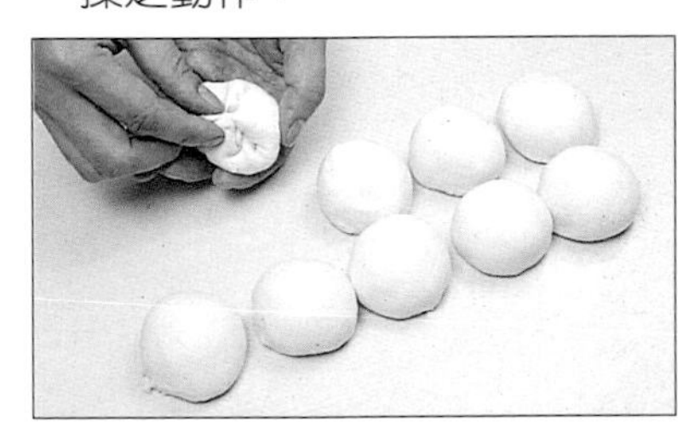

❼麵糰分割成每個90g重，再將麵糰滾圓。

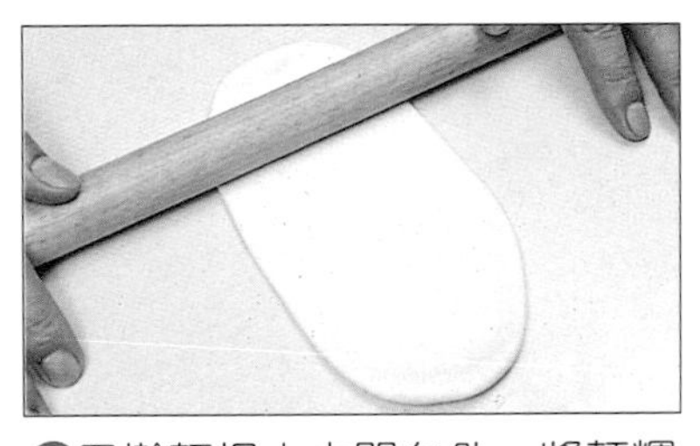

❽用擀麵棍由中間向外，將麵糰擀開。

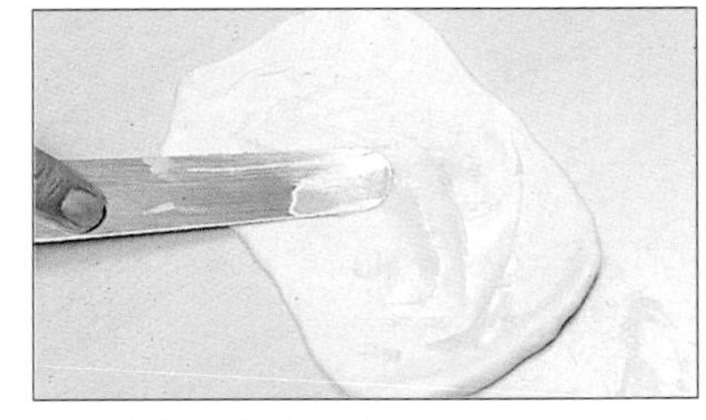

❾塗抹上備好之油酥。

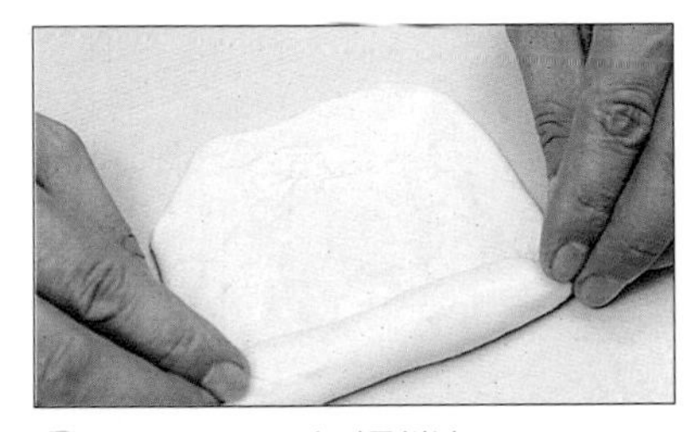

❿由上至下將麵糰捲起。

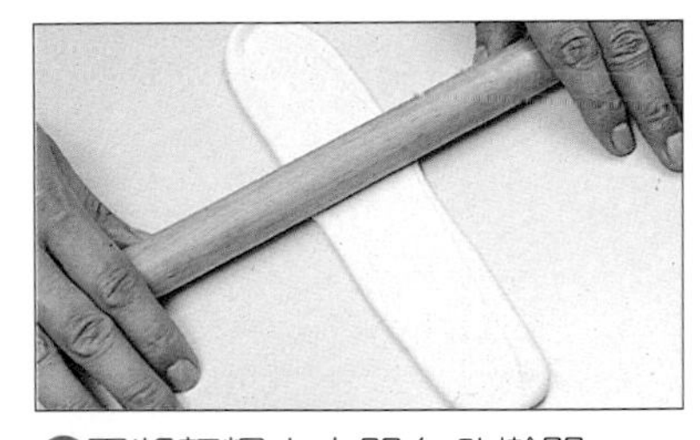

⓫再將麵糰由中間向外擀開。

⓬將擀開之麵糰略分成四等分，兩端之麵糰摺向中間。

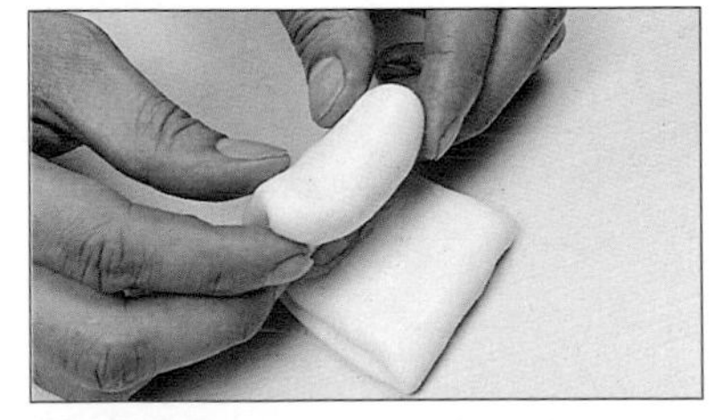

⓭再對摺一次後，將麵糰蓋上保鮮膜，鬆弛約10分鐘。

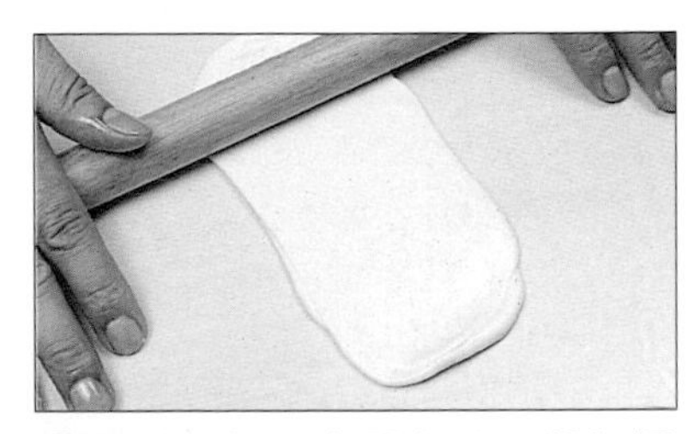

⓮用擀麵棍由中間向外，將麵糰擀成長方形。

⓯沾上濾乾的芝麻，芝麻朝上放入烤盤，以250℃烤約8～10分鐘。

【注意事項】用較厚之平底鍋或不沾鍋較恰當。

【準備器具】平底鍋、擀麵棍、鋼盆、量杯、抹刀、橡膠刮刀、保鮮膜。

【餅皮材料】每個約30g

高筋麵粉100g、低筋麵粉100g、酥油40g、糖粉40g、熱開水70g、水30g

【油酥材料】每個約10g

低筋麵粉90g、酥油33g

【糖餡材料】每個約30g

糖粉150g、低筋麵粉175g、麥芽150g 、水75g、烤過的芝麻20g

【煎烤溫度】將麵糰兩面煎至金黃色即可 。

❶先備妥糖餡的部份：將糖粉、低筋麵粉、麥芽、水混合均勻成麵糰狀。

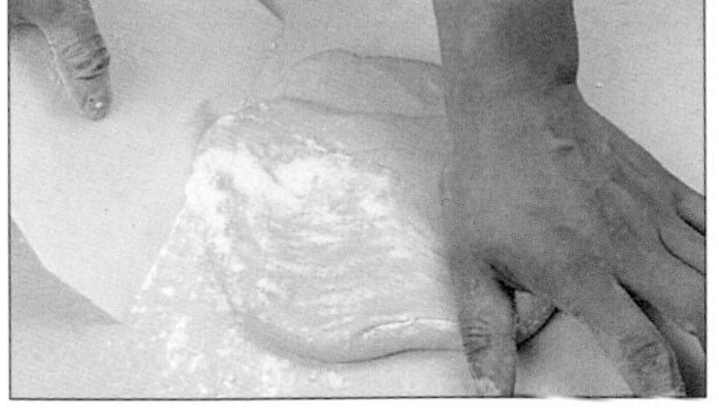

❷移至桌面，用手搓揉混合均匀。

❸加入烤過的芝麻拌匀。

❹拌匀後分割成每個30g重，待用。

❺皮的部份：將高筋麵粉、低筋麵粉、酥油、糖粉、熱開水、水加入混合。

❻移至桌面搓揉至表面光滑(燙麵皮作法請參照11頁❷～❺)。

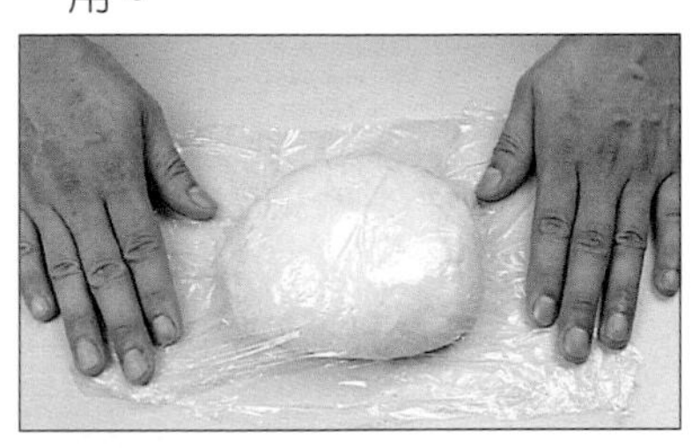

❼將麵糰用保鮮膜包起待用。

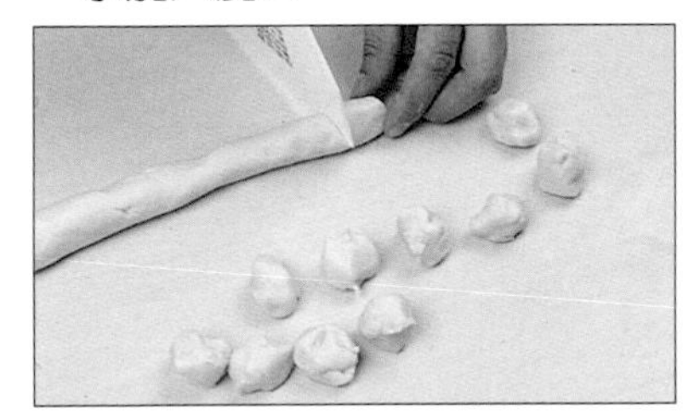

❽油酥部份：將低筋麵粉、酥油拌匀後分割成每個10g重 (油酥作法請參照42頁❼～❾)。

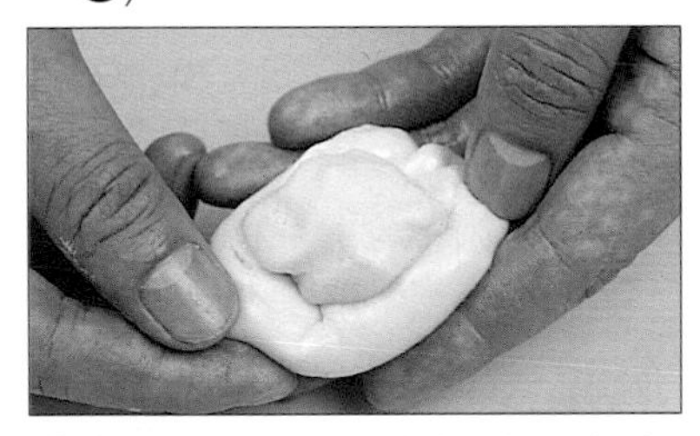

❾用分割好的油皮把油酥包起來。

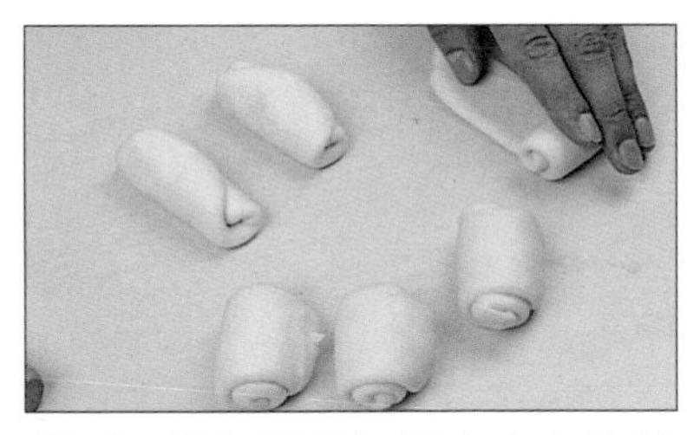

❿利用擀麵棍將麵糰由中向外擀開後捲起(麵糰擀法請參照43頁⓮～⓱)。

⓫捲好之麵糰蓋上保鮮膜，鬆弛10～15分鐘後製作。

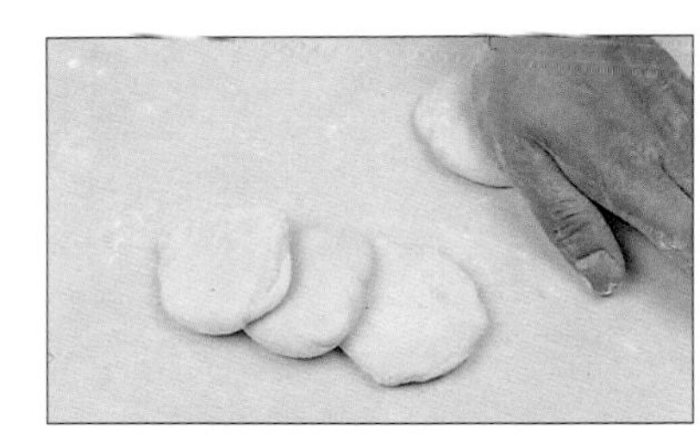

⓬將麵糰用手輕輕壓成扁狀。

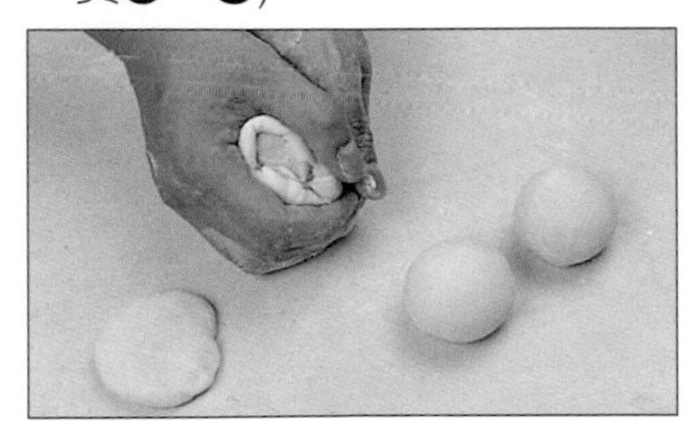

⓭包上先前備好的糖餡。

⓮用擀麵棍由中間向兩邊擀成橢圓形狀。

⓯擀開之麵糰放入平底鍋，用小火煎烤。

⓰待稍有著色之後翻面，繼續煎烤至熟。

蔥・油・餅

【注意事項】加入蔥花後需鬆弛30分鐘再整型。

【準備器具】平底鍋、擀麵棍、鋼盆、量杯、木杓、保鮮膜。

【準備材料】**每個270g，約2個**
高筋麵粉150g、低筋麵粉 150g、糖粉8g、泡打粉10g、鹽 12g、沙拉油30g、熱開水100g、水50g、蔥花40g

【煎烤溫度】
將麵糰兩面煎至金黃色即可。

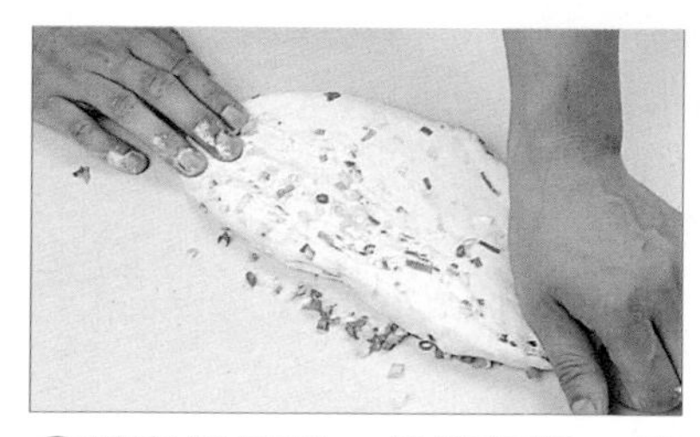

❶將高筋麵粉、低筋麵粉、糖粉、泡打粉、鹽、沙拉油、熱開水、水混合拌勻，麵糰揉至光滑再加入蔥花(麵糰作法請參照11頁❷～❺)。

❷麵糰鬆弛30分鐘後，用擀麵棍由中間向外擀成圓形。即可放入鍋中煎烤(煎法請參照13頁⓯～⓰)。

蛋・餅

【注意事項】
麵皮擀得越薄越好。

【準備器具】
平底鍋、擀麵棍、鋼盆、量杯、木杓、保鮮膜。

【準備材料】每個30g，約12個

材料	份量
高筋麵粉	100g
低筋麵粉	100g
糖粉	5g
泡打粉	2g
鹽	5g
熱開水	100g
水	50g

【煎烤溫度】
將麵糰兩面煎至稍成透明狀即可。

❶將高筋麵粉、低筋麵粉、糖粉、泡打粉、鹽、熱開水、水混合拌勻成糰。

❷將麵糰搓揉至表面光滑後抹上少許沙拉油，再蓋上保鮮膜，鬆弛30分鐘(麵糰作法請參照11頁❷～❺)。

❸將麵糰分割成30g，用擀麵棍將麵糰由中間向外擀開。

❹將麵糰放入平底鍋，用中火煎至成形後即翻面。

❺煎至透明狀，即可起鍋待用。

❻蛋加蔥花、調味料打散，倒入平底鍋中，趁蛋未熟前將蛋餅皮覆蓋在蛋上面，煎至蛋熟即可起鍋。加上喜愛的佐料就是一道美味的早餐。

紅・豆・餅

【注意事項】
較硬之紅豆餡較適合。擀麵時盡量勿將紅豆餡擀出麵皮外。

【準備器具】
平底鍋、擀麵棍、鋼盆、量杯、木杓、保鮮膜、抹刀。

【餅皮材料】每個160g，約5個
高筋麵粉250g、低筋麵粉 250g、糖粉10g、泡打粉5g、鹽 10g、沙拉油50g、水260g。

【餅餡材料】每個40g，約5個
紅豆餡200g

【煎烤溫度】將麵糰之兩面用小火煎至金黃色即可。

❶高筋麵粉、低筋麵粉、糖粉、泡打粉、鹽、沙拉油、水混合拌勻成麵糰，揉至光滑並鬆弛30分鐘後，分割成每個160g並滾圓。(麵糰作法參照11頁❷～❺)。

❷包入紅豆餡，並將接合之麵皮處捏緊。

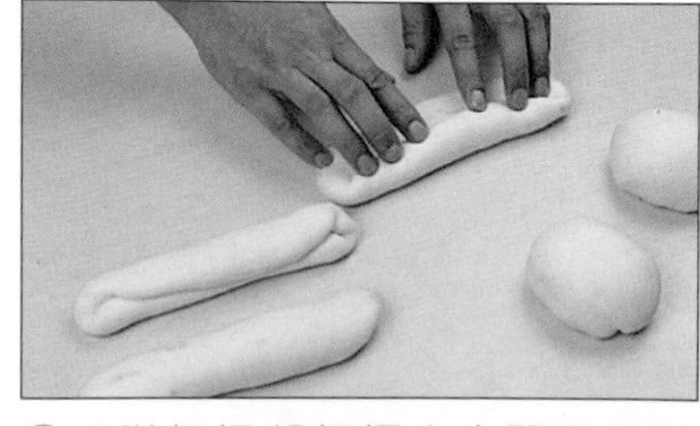

❸用擀麵棍將麵糰由中間向外擀開，再將麵糰捲起。

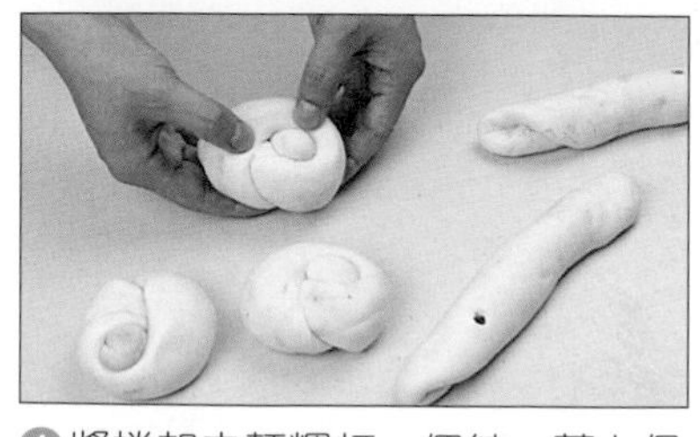

❹將捲起之麵糰打一個結。蓋上保鮮膜鬆弛15分鐘。

❺鬆弛後用擀麵棍將麵糰由中間向外擀成圓形。然後用小火煎至金黃色即可。

鍋・貼

【注意事項】擀麵皮時需將麵皮擀成厚薄一致，皮勿太厚。

❶先準備餡料部份：絞肉、砂糖、鹽、太白粉、麻油、沙拉油、蔥花、蝦仁全部加入拌勻待用。

❷高筋麵粉、低筋麵粉與水倒入攪拌成糰後，移至桌面來回搓揉至表面光滑。揉好後放置鋼盆內鬆弛15分鐘，再分割成每個10g(麵糰作法請參照11頁❷～❺)。

【準備器具】平底鍋、擀麵棍、鋼盆、量杯、抹刀、橡膠刮刀、保鮮膜。

❸將麵糰由中間向外擀成圓形。

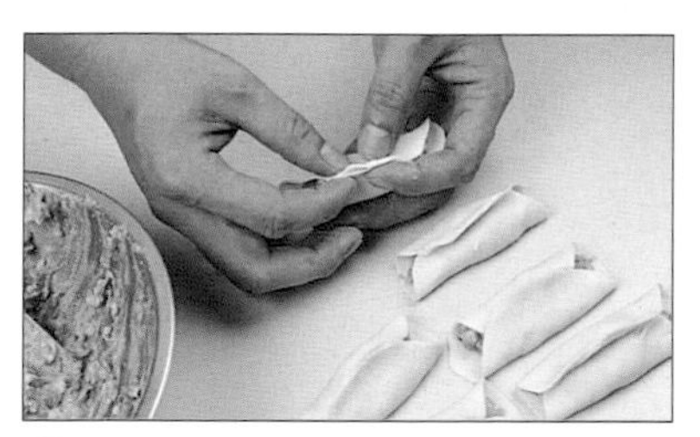

❹包入30g的餡，將頂部中間麵糰捏緊。

【皮的材料】每個10g，約21個

高筋麵粉70g、低筋麵粉70g、水70g。

【餡的材料】每個30g，約21個

絞肉 300g、砂糖8g、鹽7g、太白粉10g、麻油10g、沙拉油5g、蔥花100g、蝦仁10g。

【煎烤溫度】

用中火燜煮約12～18分鐘(鍋內之麵糊水煮乾即熟)。

❺平底鍋放入少許沙拉油，將包餡之麵糰放入煎至底部略呈金黃，再加入麵糊水(比例為水10：麵粉1)，淹至約麵糰的1/2，加蓋燜煮12～18分鐘，至鍋內之麵糊水煮乾即可。

【注意事項】

酵母與水混合須待酵母完全溶解，方可加入麵粉中攪拌。

【準備器具】

平底鍋、擀麵棍、鋼盆、量杯、抹刀、橡膠刮刀、保鮮膜。

【煎烤溫度】

用小火將麵糰兩面煎至金黃色即可 (約10~15分鐘)。

【皮的材料】

每個30g，約15~16個

高筋麵粉……………………150g
低筋麵粉……………………150g
糖粉……………………………6g
鹽………………………………6g
水……………………………170g
酵母……………………………3g

【餡的材料】

每個30g，約15~16個

牛肉…………………………360g
砂糖……………………………3g
鹽………………………………4g
胡椒粉…………………………2g
蛋白……………34g(約1個蛋白)
蔥花……………………………50g
醬油……………………………5g

牛・肉・餡・餅

❶先準備餡料部份：將牛肉、砂糖、鹽、胡椒粉、蛋白、蔥花、醬油準備好。

❷加入所有材料拌勻待用。

❸接著準備麵皮部份：酵母加水攪拌至溶解。

❹將高筋麵粉、低筋麵粉、糖粉、鹽準備好，倒入鋼盆內，再將酵母水倒入。

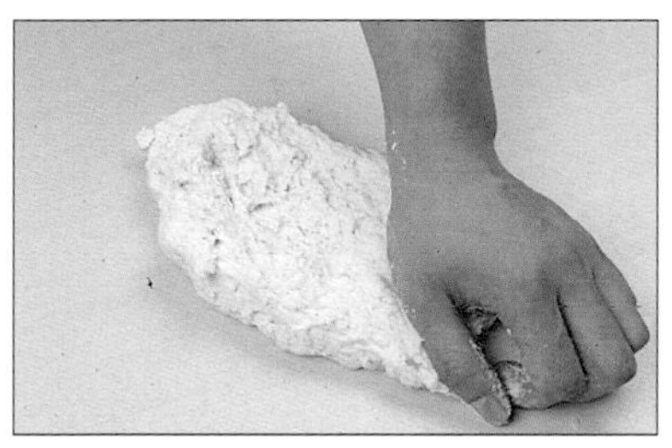

❺攪拌成糰後移至桌面，來回搓揉麵糰至表面光滑。

❻將揉好之麵糰，放置鋼盆內醱酵15分鐘。

❼約15分鐘後，麵糰即告醱酵完成。

❽用手指插入麵糰中，會留下手指空隙，即表示醱酵完成(約1.6～2倍大)。

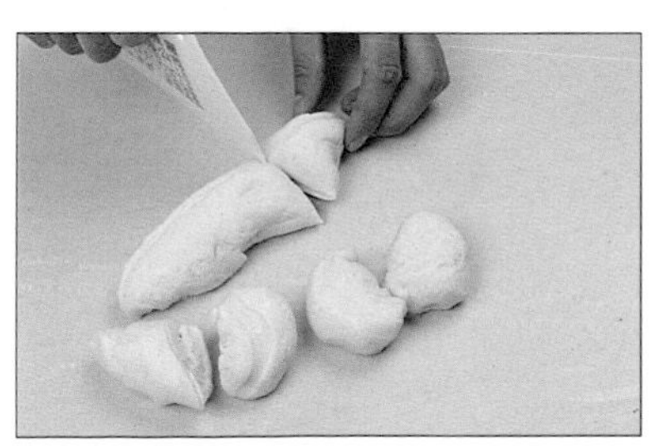

❾將醱酵好之麵糰分割成每個30g，並搓成圓形。

❿先將麵糰兩面沾上麵粉，用擀麵棍將麵糰由邊緣向內擀成邊緣薄中間較厚之麵皮。

⓫包入30g牛肉餡，再將周圍的麵皮依序包起，注意接合處需捏緊。

⓬平底鍋中放入少許沙拉油，用小火將麵糰兩面煎至金黃色即可，時間約10～15分鐘。

蘿・蔔・絲・餅

【注意事項】
煎烤時於平底鍋中放入少許沙拉油，將包好餡之麵糰放入平底鍋，用小火煎至兩面稍微呈金黃色。

【準備器具】
平底鍋、擀麵棍、鋼盆、量杯、抹刀、橡膠刮刀、保鮮膜。

【煎烤溫度】
用小火將麵糰兩面煎至金黃色即可 (約10~15分鐘)。

【皮的材料】每個40g，約18個
高筋麵粉250g、低筋麵粉250g、糖粉10g、鹽10g、水220g、酵母5g、泡打粉5g。

【餡的材料】每個40g，約18個
絞肉300g、蘿蔔絲400g、砂糖7g、鹽10g、胡椒粉8g、麻油15g、蔥花20g、蝦皮10g。

❶先準備餡料部份：絞肉、蘿蔔絲、砂糖、鹽、胡椒粉、麻油、蔥花、蝦皮。

❷蘿蔔絲加入砂糖與鹽混合，將混合後多餘的水壓乾，再加入胡椒粉、麻油、蔥花、蝦皮、絞肉拌勻待用。

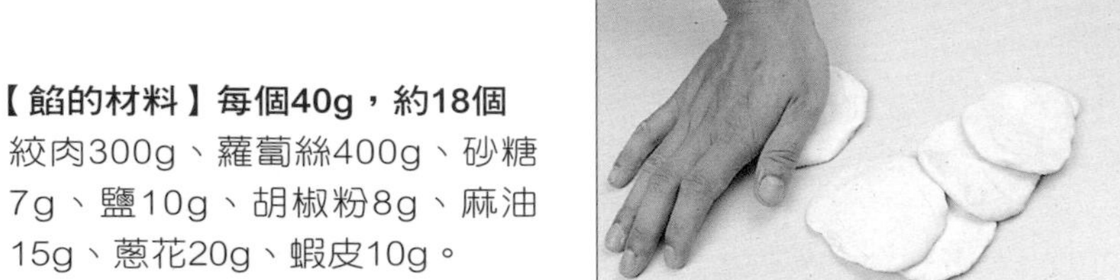

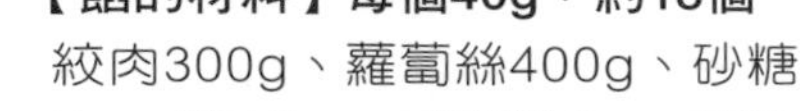

❸麵皮作法參照19頁❸～❿)。將分割好之麵皮，壓成扁平狀，包入40g的餡，將周圍的麵皮依序包起，注意接合處需捏緊 (包法請參照19頁⓫)。

❹煎烤時於平底鍋中放入少許沙拉油，將包好餡之麵糰放入平底鍋，煎至底部稍微成金黃色後翻面。

❺蛋加入蔥花，調味料打散，倒入平底鍋中，趁蛋未熟前將蘿蔔絲餅覆蓋在蛋上面，煎至蛋熟即可起鍋。

水·煎·包

【注意事項】

煎烤時於平底鍋中放入少許沙拉油，將包好餡之麵糰放入平底鍋，煎至底部稍微成金黃色，再加入麵糊水。

【準備器具】

平底鍋、擀麵棍、鋼盆、量杯、抹刀、橡膠刮刀、保鮮膜。

【皮的材料】

每個20g，約18個

高筋麵粉125g、低筋麵粉 125g、糖粉5g、鹽5g、水125g、酵母3g、泡打粉3g。

【餡的材料】

每個30g，約18個

絞肉250g、高麗菜絲280g、砂糖10g、鹽7g、蝦皮10g、麻油5g、蔥花30g。

【煎烤溫度】

用中火燜煮約12～18分鐘(鍋內之麵糊水煮乾即熟)。

❶先準備餡料部份：絞肉、高麗菜絲、砂糖、鹽、蝦皮，麻油、蔥花。

❷高麗菜絲加入砂糖與鹽混合，多餘水分壓出，再將絞肉、蝦皮、麻油、蔥花加入拌勻。

❸麵皮作法參照19頁❸～❿。包入30g的餡，將周圍的麵皮依序包起，接合處需捏緊。

❹平底鍋放入少許沙拉油，將包餡之麵糰放入煎至底部略呈金黃，再加入麵糊水(比例為水10：麵粉1)，淹至約麵糰的1/2，加蓋燜煮12～18分鐘，至鍋內之麵糊水煮乾即可。

【注意事項】

酵母與水混合須待酵母完全溶解，方可加入麵粉中攪拌。

【準備器具】

擀麵棍、鋼盆、量杯、抹刀、橡膠刮刀、保鮮膜、蒸籠、桌上形壓麵機、打蛋器、小刀。

【準備材料】每個40g，約12個

高筋麵粉……………………150g
低筋麵粉……………………150g
砂糖…………………………15g
水……………………………150g
酵母…………………………7g

【蒸的溫度】

用中火蒸約10～12分鐘。

白・饅・頭

❶酵母與水混合至酵母完全溶解。

❷加入砂糖，攪拌至砂糖溶解。

❸將高筋麵粉、低筋麵粉倒入，攪拌成糰。

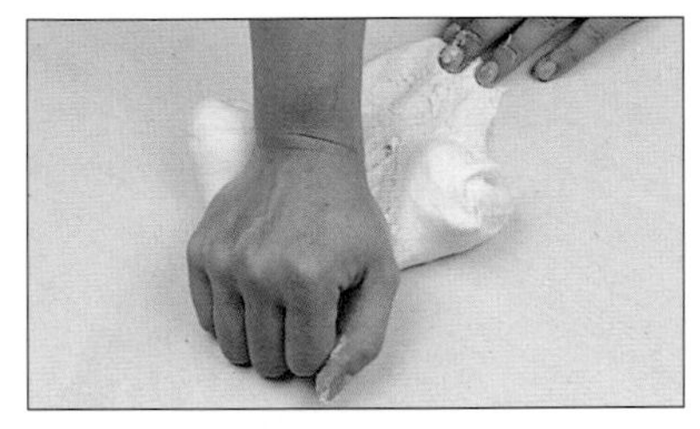

❹攪拌成糰後移至桌面，來回搓揉成麵糰。

❺搓揉麵糰至麵糰表面光滑即可。再將麵糰滾成圓形。

❻麵糰放入鋼盆中，蓋上保鮮膜，醱酵30分鐘。

❼麵糰醱酵後之比較圖。面積膨脹約2～3倍大。

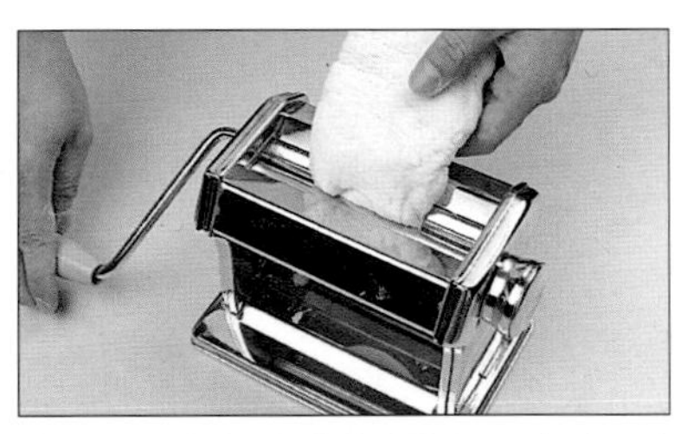

❽將醱酵完成之麵糰，用桌上形壓麵機做壓麵的動作。

❾壓麵至表面光滑即可(若無壓麵機，可用擀麵棍代替)。

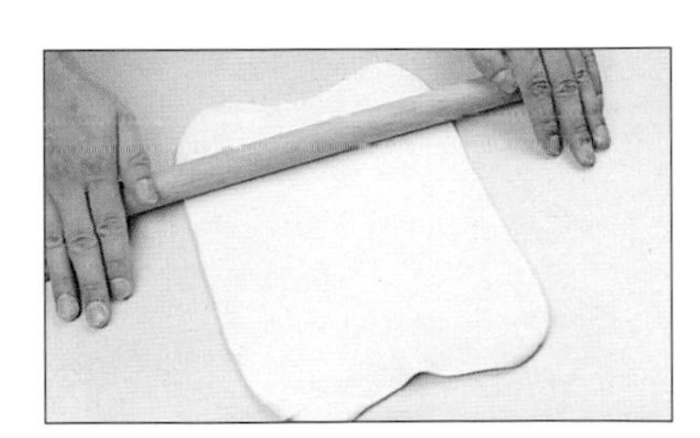

❿將壓麵完成之麵糰，用擀麵棍將麵糰由中間向外擀成長方形。

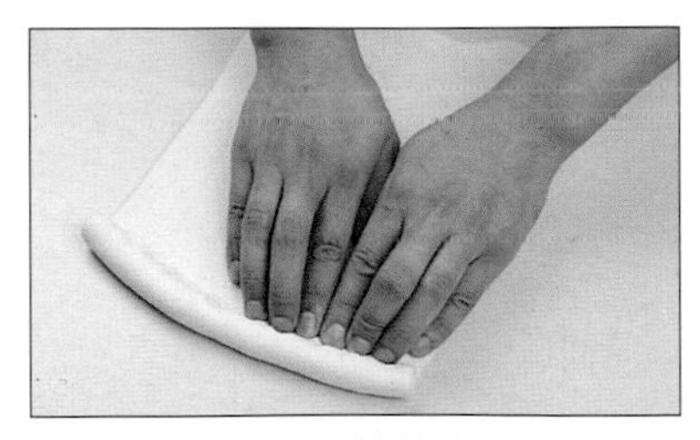

⓫由上至下將麵糰捲起。

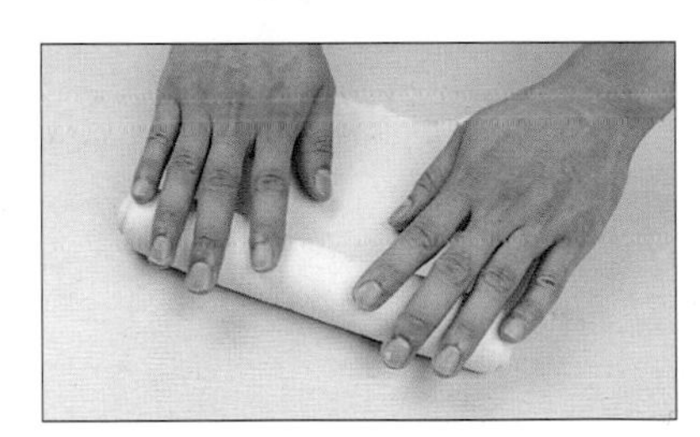

⓬在麵糰捲起的過程中，需將麵糰壓實，不要留有空隙。

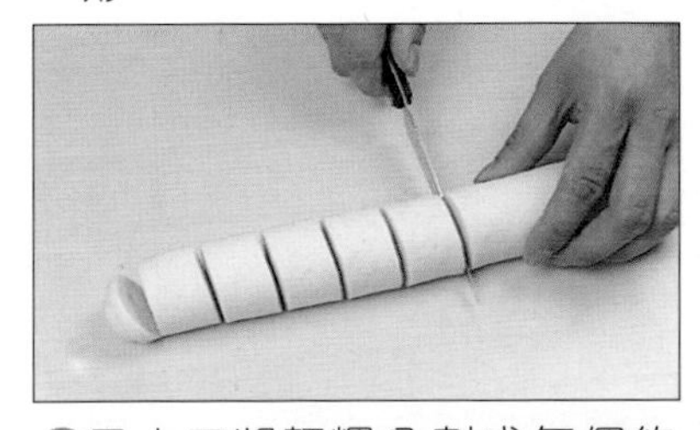

⓭用小刀將麵糰分割成每個約40g大小。

⓮放入蒸籠內醱酵30～40分鐘，醱酵溫度約為30℃。再以中火蒸10～12分鐘。

全・麥・饅・頭

【注意事項】

酵母與水混合須待酵母完全溶解，方可加入麵粉中攪拌。

【準備器具】

擀麵棍、鋼盆、量杯、抹刀、橡膠刮刀、保鮮膜、蒸籠、桌上形壓麵機、打蛋器、小刀。

【準備材料】每個50g，約10個

高筋麵粉……………………150g
低筋麵粉……………………150g
全麥麵粉……………………20g
砂糖…………………………40g
水……………………………150g
酵母…………………………7g

【蒸的溫度】

用中火蒸約10～12分鐘。

❶酵母與水混合至酵母完全溶解後，加入砂糖，攪拌至砂糖溶解，再將高筋麵粉、低筋麵粉、全麥麵粉倒入攪拌成糰。(麵糰作法請參照23頁❶～❼)。

❷將壓麵完成之麵糰，用擀麵棍將麵糰擀成長方形，由上至下將麵糰捲起，需將麵糰壓實。用小刀將麵糰分割成每個約50g大，再將麵糰糰滾圓，放入蒸籠內醱酵30～40分鐘，醱酵溫度約為30℃。再以中火蒸10～12分鐘(動作過程請參照23頁❽～⓭)。

芋・頭・饅・頭

【注意事項】

酵母與水混合須待酵母完全溶解。芋頭刨絲待用。

【準備器具】

擀麵棍、鋼盆、量杯、抹刀、橡膠刮刀、保鮮膜、蒸籠、桌上形壓麵機、打蛋器、小刀。

【準備材料】每個50g，約14個

高筋麵粉150g、低筋麵粉 150g、砂糖 40g、水150g、酵母 7g、芋頭醬香料少許

【其他配料】

芋頭絲200g

【蒸的溫度】

用中火蒸約10～12分鐘

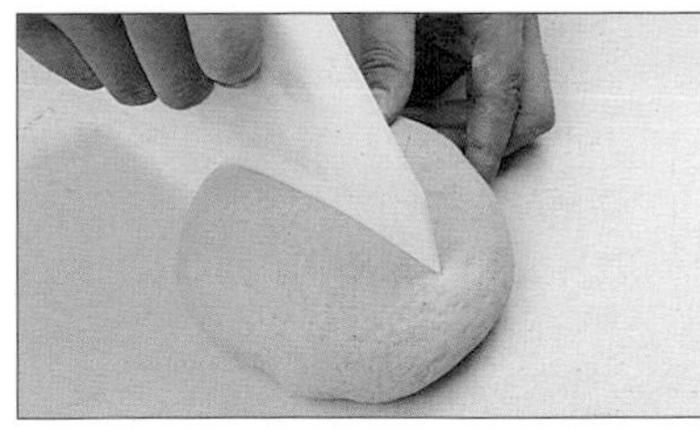

❶酵母與水混合至酵母完全溶解，加入砂糖攪拌至砂糖溶解，將高筋麵粉、低筋麵粉、芋頭醬香料倒入攪拌成糰(麵糰作法請參照23頁❶～❼)。麵糰分成兩塊較方便製作。

❷用擀麵棍將麵糰擀成長方形，平均鋪上準備好之芋頭絲。

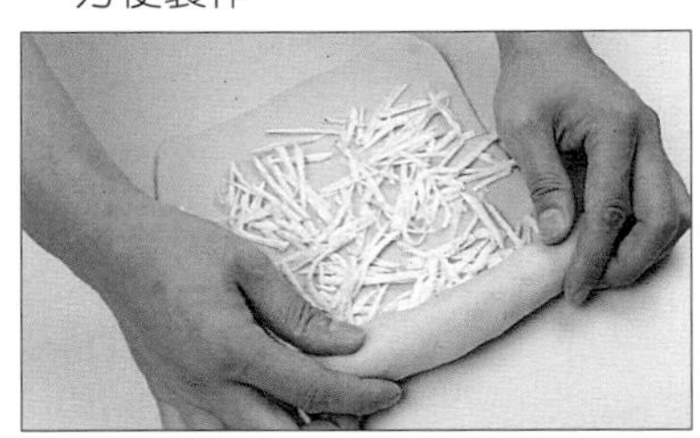

❸由上至下將麵糰捲起，需將麵糰壓實，再用小刀將麵糰分割成每個約50g大 (動作過程請參照23頁❽～⓭)。

❹放入蒸籠內醱酵30～40分鐘，醱酵溫度約為30℃。再以中火蒸10～12分鐘。

椰·蓉·千·層·糕

【注意事項】

酵母與水混合須待酵母完全溶解，方可加入麵粉中攪拌。椰子餡備好待用。

【準備器具】

擀麵棍、鋼盆、量杯、抹刀、橡膠刮刀、保鮮膜、蒸籠、桌上形壓麵機、打蛋器、小刀。

【千層糕皮材料】

每片150g，約4片

高筋麵粉……………………200g
低筋麵粉……………………200g
砂糖……………………………40g
水……………………………200g
酵母……………………………9g

【椰子餡材料】

蛋………………150g(約3個蛋)
砂糖……………………………90g
酥油……………………………75g
椰子粉………………………180g

【其他配料】

椰子粉………………………少許

【蒸的溫度】

用中火蒸約25～30分鐘。

❶先準備椰子餡部份：蛋加入砂糖，攪拌至砂糖溶解。

❷加入已溶解之酥油拌勻。

❸最後加入椰子粉拌勻待用。

❹酵母與水混合至酵母完全溶解，加入砂糖攪拌至溶解，將高筋麵粉、低筋麵粉倒入攪拌成糰。再將壓麵完成之麵糰，用擀麵棍將麵糰擀成長方形，由上至下將麵糰捲起(麵糰作法請參照23頁❶～⓫)。

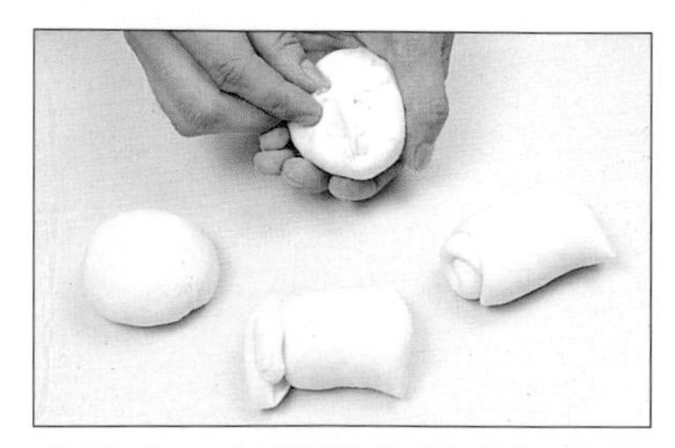

❺用小刀將麵糰分割成每個約150g大小，再將麵糰滾圓，蓋上保鮮膜鬆弛約10分鐘。

❻將麵糰由中間向外擀成四方形。

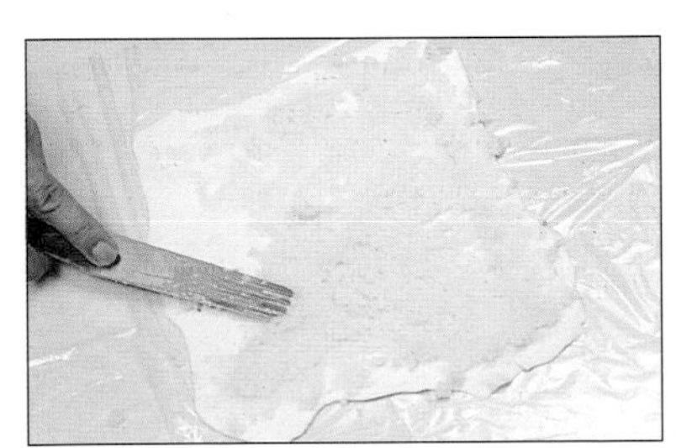

❼先備好玻璃紙，將擀開之麵皮鋪上，再抹上椰子餡。

❽重複❻～❼之動作三次後移入蒸籠。

❾放入蒸籠內先插上透氣孔，然後醱酵10～15分鐘，醱酵溫度約為30℃。再以中火蒸25～30分鐘。

豆・沙・包

【注意事項】
酵母與水混合須待酵母完全溶解。豆沙備好待用。

【準備器具】
擀麵棍、鋼盆、量杯、抹刀、橡膠刮刀、保鮮膜、蒸籠、桌上形壓麵機，打蛋器、小刀。

【皮的材料】每個40g，約15個
高筋麵粉200g、低筋麵粉200g、砂糖45g、水175g、酵母9g

【餡的材料】每個25g，約15個
烏豆沙375g

【蒸的溫度】
用中火蒸約10～12分鐘

❶酵母與水混合至酵母完全溶解，加入砂糖攪拌至砂糖溶解，將高筋麵粉、低筋麵粉倒入攪拌成糰，將壓麵完成之麵糰，用擀麵棍將麵糰擀成長方形，由上至下將麵糰捲起，需將麵糰壓實，用小刀將麵糰分割成每個約50g大(麵糰作法請參照23頁❶～⓭)，再將麵糰滾圓後，擀開成圓形。

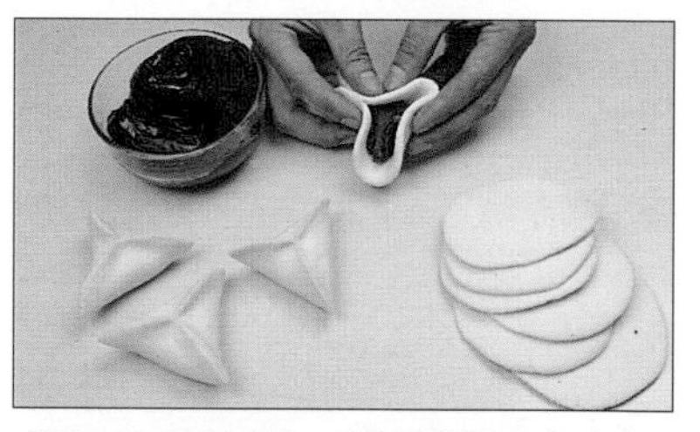

❷包入豆沙餡，將麵糰接合處捏緊，放入蒸籠內醱酵30～40分鐘，醱酵溫度約為30℃。再以中火蒸10～12分鐘。

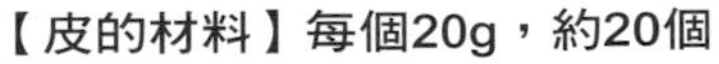

素·菜·包

【注意事項】
酵母與水混合須待酵母完全溶解。餡料拌好後將多餘之水倒掉。

【準備器具】
擀麵棍、鋼盆、量杯、抹刀、橡膠刮刀、保鮮膜、蒸籠、桌上形壓麵機，打蛋器、小刀。

【皮的材料】每個20g，約20個
高筋麵粉125g、低筋麵粉125g、砂糖25g、水130g、酵母6g泡打粉6g、沙拉油6g。

【餡的材料】每個20g，約20個
高麗菜絲260g、胡蘿蔔 60g、蔥末20g、木耳80g、醬油5g、鹽3g、砂糖6g、胡椒粉2g。

【蒸的溫度】
用中火蒸約10～12分鐘

❶先備餡料部份：高麗菜絲加入砂糖與鹽混合，將混合後多餘的水壓乾，再將胡蘿蔔、蔥末、木耳，醬油、胡椒粉拌勻待用。

❷酵母與水混合至酵母完全溶解，加入砂糖攪拌至砂糖溶解，將高筋麵粉、低筋麵粉、泡打粉、沙拉油倒入攪拌成糰，將壓麵完成之麵糰分割成每個約20g大小(麵糰作法請參照23頁❶～⓭)，再將麵糰糰滾圓後擀開成圓形，然後包入備妥之餡料。

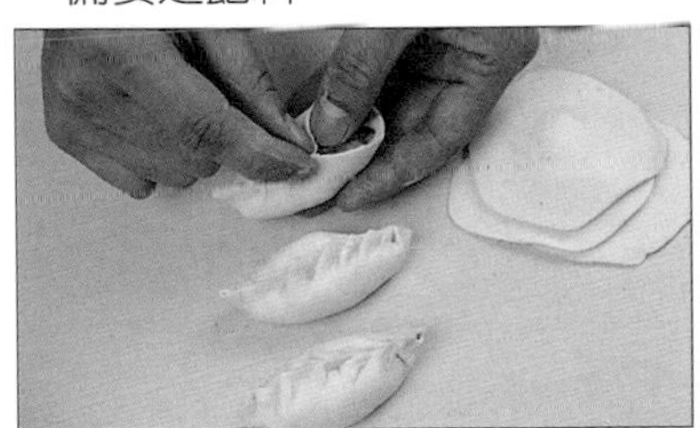

❸左右來回將麵皮包起來，麵糰接合處需捏緊。

❹放入蒸籠內醱酵25～35分鐘，醱酵溫度約為30℃，再以中火蒸10～12分鐘。

蛋·黃·肉·包

【注意事項】

酵母與水混合須待酵母完全溶解。蛋黃烤好待用。

【準備器具】

擀麵棍、鋼盆、量杯、抹刀、橡膠刮刀、保鮮膜、蒸籠、桌上形壓麵機，打蛋器、小刀。

【皮的材料】每個20g，約20個

材料	份量
高筋麵粉	125g
低筋麵粉	125g
砂糖	25g
水	130g
酵母	6g
泡打粉	6g
沙拉油	6g

【餡的材料】每個22g，約20個

材料	份量
絞肉	300g
高麗菜絲	100g
蔥末	50g
香菇	5～6朵
醬油	5g
鹽	2g
砂糖	5g
胡椒粉	2g
芝麻油	2g

【其他配料】

鹹蛋黃……………10個(對半切)

【蒸的溫度】

用中火蒸約10～12分鐘。

❶先準備餡料部份：將絞肉、高麗菜絲、蔥末、香菇、醬油、鹽、砂糖、胡椒粉、芝麻油拌勻待用。

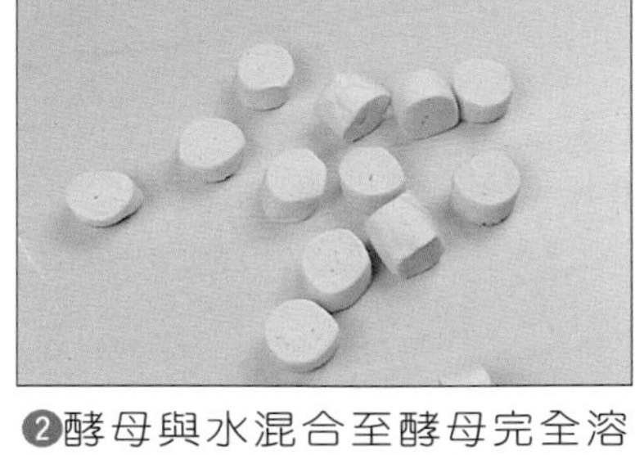

❷酵母與水混合至酵母完全溶解，加入砂糖攪拌至砂糖溶解，將高筋麵粉、低筋麵粉、泡打粉、沙拉油倒入攪拌成糰，將壓麵完成之麵糰分割成每個約20g大小(麵糰作法請參照23頁❶～⓭)。

❸再將麵糰滾圓後，擀開成圓形。

❹包入備妥之餡料及蛋黃。

❺將麵皮由外向內依序收口，把餡包起來。

❻放入蒸籠內醱酵30～35分鐘，醱酵溫度約為30℃。再以中火蒸10～12分鐘。

小·籠·包

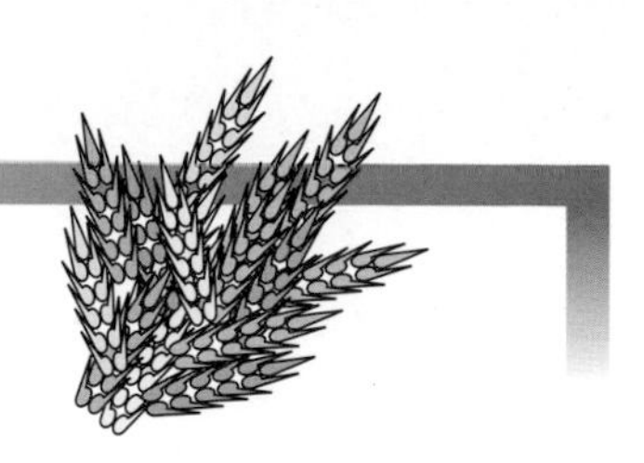

【注意事項】
酵母與水混合須待酵母完全溶解。

【準備器具】
擀麵棍、鋼盆、量杯、抹刀、橡膠刮刀、保鮮膜、蒸籠、桌上形壓麵機，打蛋器、小刀。

【皮的材料】每個10g，約40個
高筋麵粉……125g
低筋麵粉……125g
砂糖……25g
水……130g
酵母……6g
泡打粉……6g
沙拉油……6g

【餡的材料】每個13g，約40個
絞肉……400g
蔥末……100g
醬油……5g
鹽……4g
砂糖……8g
胡椒粉……2g
芝麻油……5g

【蒸的溫度】
用中火蒸約8～10分鐘。

❶先備餡料部份：將絞肉、蔥末、醬油、鹽、砂糖、胡椒粉、芝麻油拌勻待用。

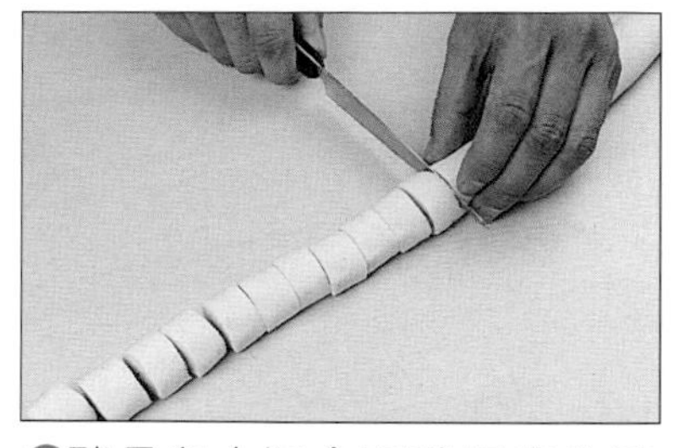

❷酵母與水混合至酵母完全溶解，加入砂糖攪拌至砂糖溶解，將高筋麵粉、低筋麵粉、泡打粉、沙拉油倒入攪拌成糰，將壓麵完成之麵糰分割成每個約10g大小(麵糰作法請參照23頁❶～⓭)。

❸沾上少許麵粉，再用手將麵糰稍微壓平。

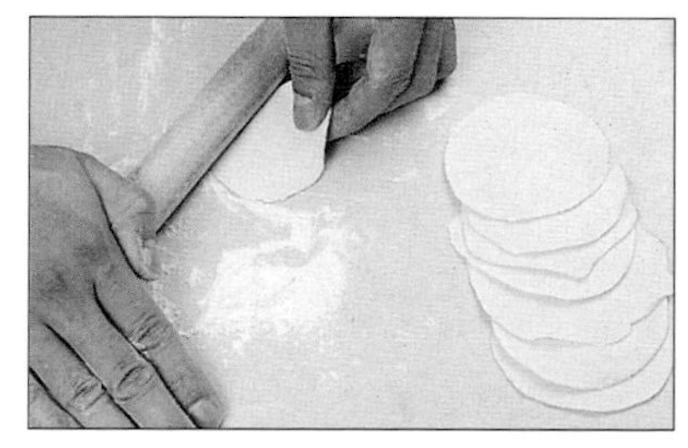

❹再將麵糰由外向中間擀開成圓形。

❺包入備妥之餡料，將麵皮由外向內依序收口，把餡包起來。

❻放入蒸籠內醱酵20～25分鐘，醱酵溫度約為30℃。再以中火蒸8～10分鐘。

【注意事項】

酵母與水混合須待酵母完全溶解。豆沙備好待用。

【準備器具】

擀麵棍、鋼盆、量杯、抹刀、橡膠刮刀、保鮮膜、蒸籠、桌上形壓麵機，打蛋器、小刀、牙刷、湯匙。

【皮的材料】每個40g，約15個

高筋麵粉……200g
低筋麵粉……200g
砂糖……45g
水……175g
酵母……9g

【餡的材料】每個25g，約15個

烏豆沙……375g

【其他配料】

紅色素……少許

【蒸的溫度】

用中火蒸約10～12分鐘。

壽・桃

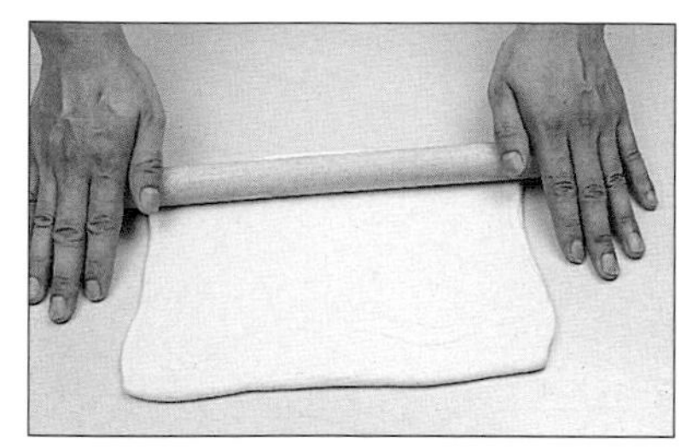

❶酵母與水混合至酵母完全溶解，加入砂糖攪拌至砂糖溶解，將高筋麵粉、低筋麵粉倒入攪拌成糰，將壓麵完成之麵糰用擀麵棍擀成長方形 (麵糰作法請參照23頁❶～❿)。

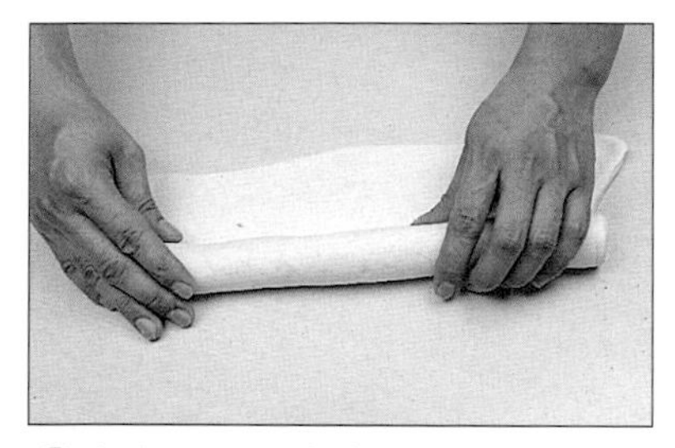

❷由上至下將麵糰捲起，需將麵糰壓實。

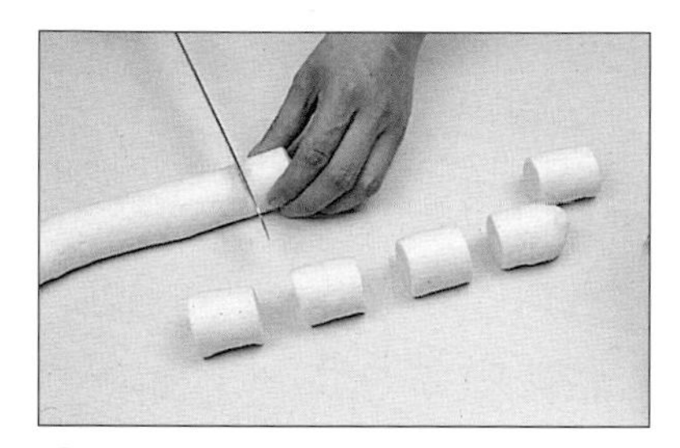

❸用小刀將麵糰分割成每個約40g大小。

❹再將麵糰滾圓後蓋上保鮮膜，鬆弛約10分鐘。

❺用手稍微壓平後，由中間向外擀開成圓形。

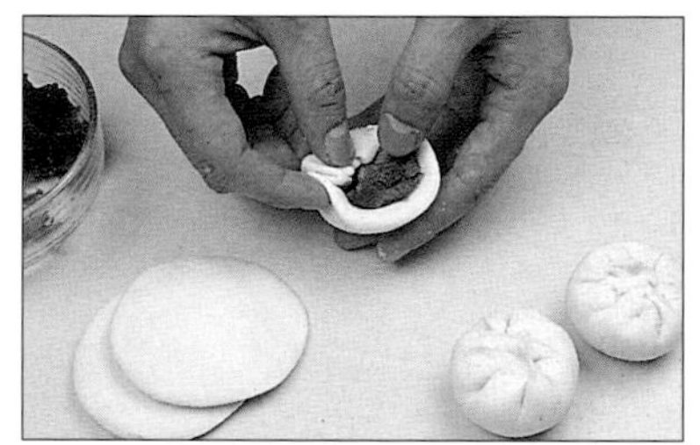

❻包入豆沙餡，將麵糰接合處捏合。

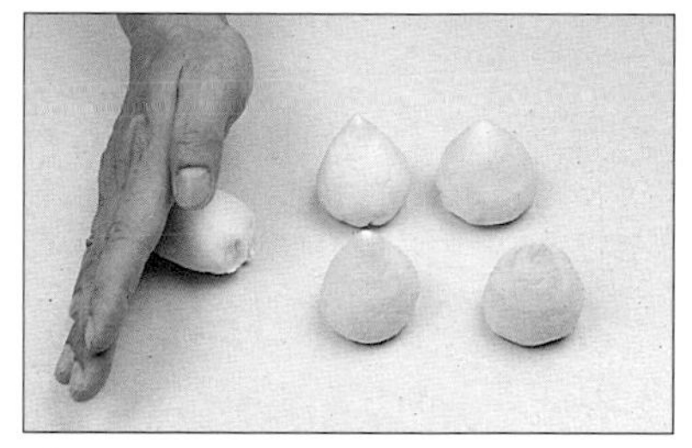

❼用手刀之小指來回將麵糰搓成圓椎狀。

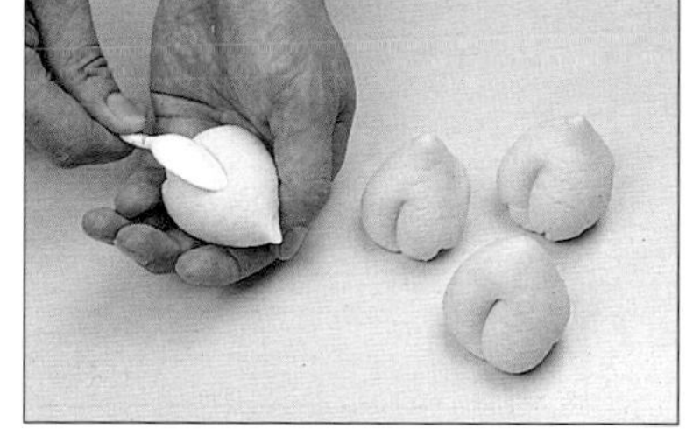

❽左手托住麵糰，用湯匙側面壓出一條紋路。

❾放入蒸籠內醱酵30～40分鐘，醱酵溫度約為30℃，再以中火蒸10～12分鐘。

❿先將紅色素泡水稀釋後，在牙刷上沾些紅色素，用拇指撥動刷毛，即可將紅色素噴在蒸好之壽桃上。

海・鮮・捲

【注意事項】
酵母與水混合須待酵母完全溶解。餡料炒好涼後使用。

【準備器具】
擀麵棍、鋼盆、量杯、抹刀、橡膠刮刀、保鮮膜、蒸籠、桌上形壓麵機、打蛋器、小刀、木杓、平底鍋。

【皮的材料】每個45g，約9個
高筋麵粉125g、低筋麵粉125g、砂糖25g、水130g、酵母6g、泡打粉6g、沙拉油6g

【餡的材料】每個80g，約9個
蝦仁200g、花枝100g、蟹肉棒70g、什錦豆150g、蔥末30g、鹽10g、砂糖2g、低筋麵粉15g、玉米粉25g、水150g

【煎烤溫度】
用中火煎烤燜煮16～20分鐘。

❶先準備餡料部份：將低筋麵粉、玉米粉與水調勻待用。

❷將蝦仁、花枝、蟹肉棒、什錦豆、蔥末、鹽、砂糖炒熱。

❸倒入調勻的低筋麵粉、玉米粉與水，炒至濃稠狀待用。

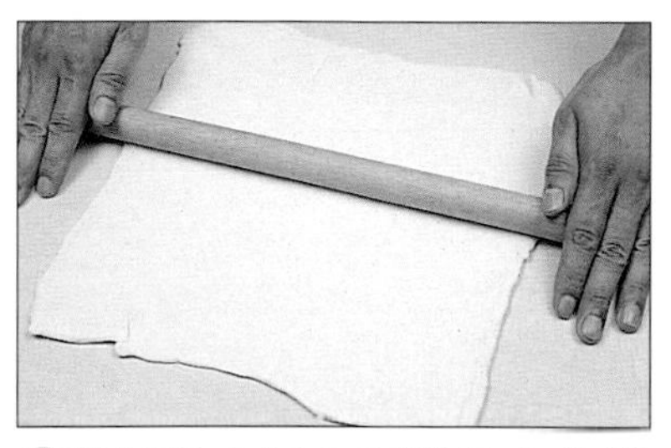

❹酵母與水混合至酵母完全溶解，加入砂糖攪拌至砂糖溶解，將高筋麵粉、低筋麵粉、泡打粉、沙拉油倒入攪拌成糰，將壓麵完成之麵糰擀成四方形。(麵糰作法請參照23頁❶～⓭)。

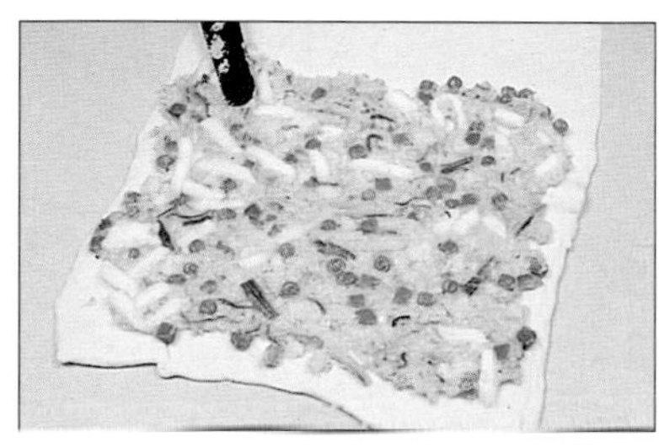

❺用抹刀將炒好之餡料平均鋪在麵皮上，尾端留約4公分，不要鋪上餡。

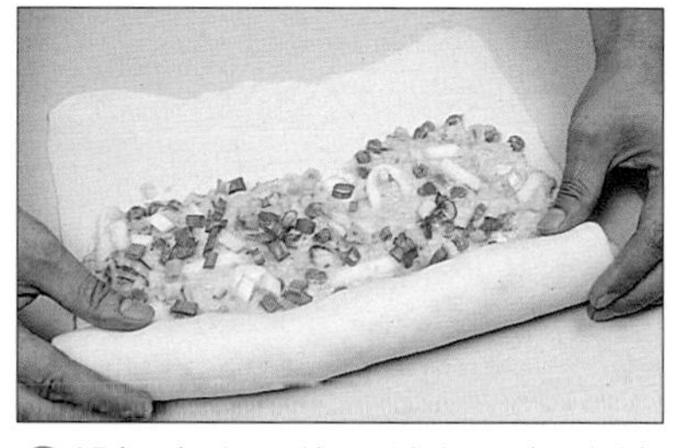

❻將麵皮由上往下捲起，麵皮接合處需捏緊。

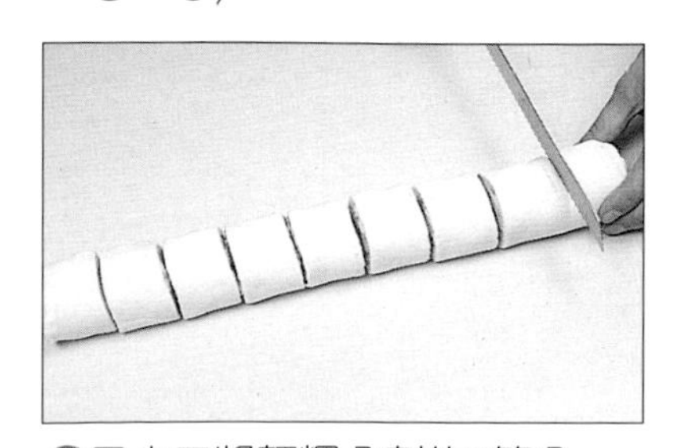

❼用小刀將麵糰分割約9等分。

❽煎烤時於平底鍋中放入少許沙拉油，將包好餡之麵糰放入鍋內，煎至底部稍微成金黃色。

❾再加入麵糊水(比例為水10：麵粉1)淹至麵糰約1/2，加蓋燜煮16～20分鐘至水煮乾。

銀·絲·捲

【注意事項】

酵母與水混合須待酵母完全溶解。製作銀絲部份時，黃色素先與水拌勻，再加入麵粉中。

【準備器具】

擀麵棍、鋼盆、量杯、抹刀、橡膠刮刀、保鮮膜、蒸籠、桌上形壓麵機、打蛋器、菜刀。

【皮的材料】每個70g，約6個

高筋麵粉……125g
低筋麵粉……125g
砂糖……25g
水……130g
酵母……6g
泡打粉……6g
沙拉油……6g

【銀絲的材料】每個65g，約6個

高筋麵粉……125g
低筋麵粉……125g
砂糖……25g
水……110g
酵母……5g
泡打粉……6g
沙拉油……6g
黃色素……少許

【蒸的溫度】

用中火蒸，約10～13分鐘。

❶先準備銀絲部份：酵母與水混合至酵母完全溶解，加入黃色素、砂糖攪拌至砂糖溶解，將高筋麵粉、低筋麵粉、泡打粉、沙拉油倒入攪拌成糰，將麵糰壓麵至表面光滑(麵糰作法請參照23頁❶～❾，皮的部份與製作銀絲相同)。

❷將銀絲麵糰擀成薄皮狀。

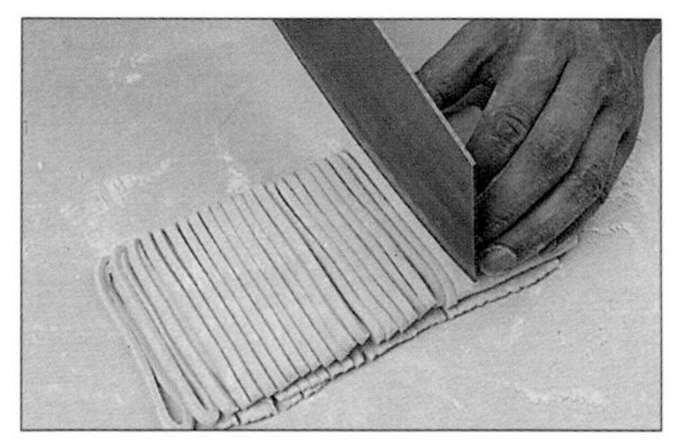

❸擀好之銀絲麵皮，對摺成四摺，切成細條狀。

❹先將皮的部份擀成長方形，再將成絲之銀絲麵糰鋪在中間。

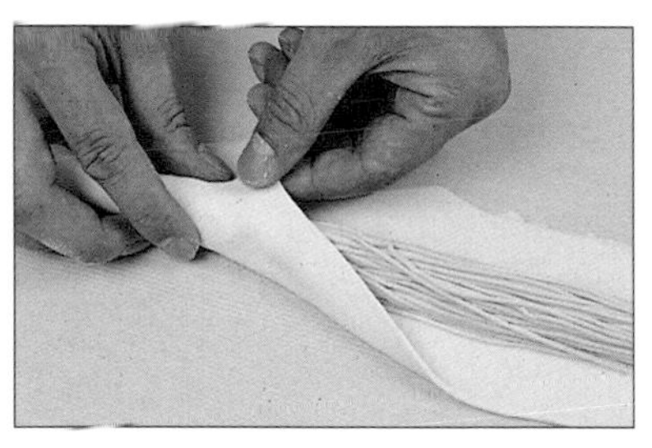

❺皮由右邊捲起，將銀絲包著，切成 6 等分。

❻放入蒸籠內醱酵25～30分鐘，醱酵溫度約為30℃。再以中火蒸10～12分鐘。

蔥·花·捲

【注意事項】

酵母與水混合須待酵母完全溶解。蔥末切好待用。

【準備器具】

擀麵棍、鋼盆、量杯、抹刀、橡膠刮刀、保鮮膜、蒸籠、桌上形壓麵機、打蛋器、菜刀。

【準備材料】每個45g，約10個

高筋麵粉……………………150g
低筋麵粉……………………150g
砂糖…………………………20g
水……………………………160g
酵母…………………………7g

【其他配料】

蔥末…………………………100g
鹽……………………………少許
胡椒粉………………………少許

【蒸的溫度】

用中火蒸約10～12分鐘。

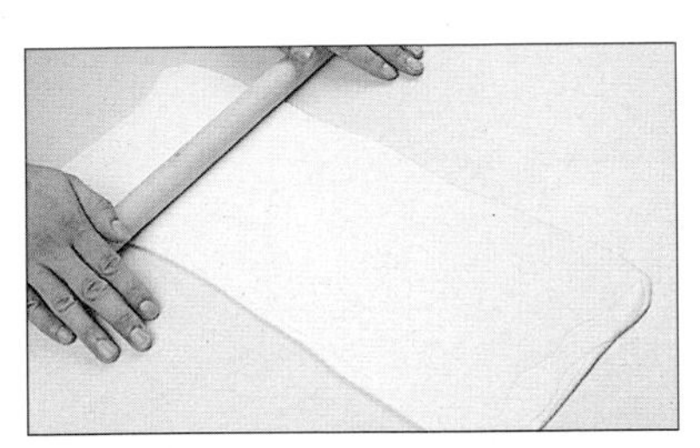

❶酵母與水混合至酵母完全溶解，加入砂糖，攪拌至砂糖溶解，將高筋麵粉、低筋麵粉倒入攪拌成糰，用擀麵棍將麵糰擀成長方形(麵糰作法請參照23頁❶～❿)。

❷平均鋪上備好之蔥末，撒上少許的鹽和胡椒粉，再將麵糰對摺。

❸用擀麵棍將麵糰壓實。用菜刀將麵糰分割成每條約1.5公分寬。

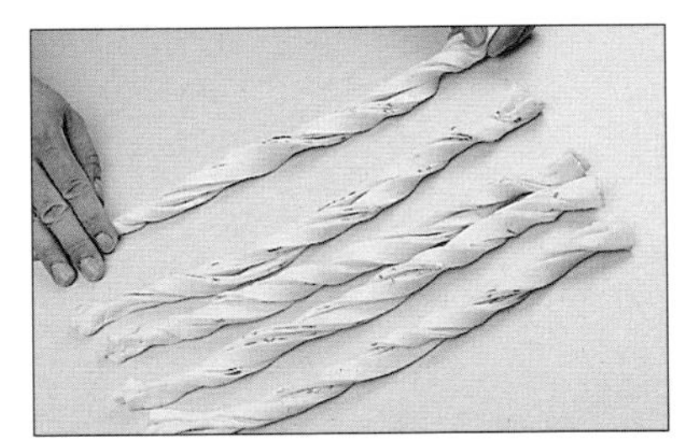

❹兩條合成一條，捲成麻花狀。

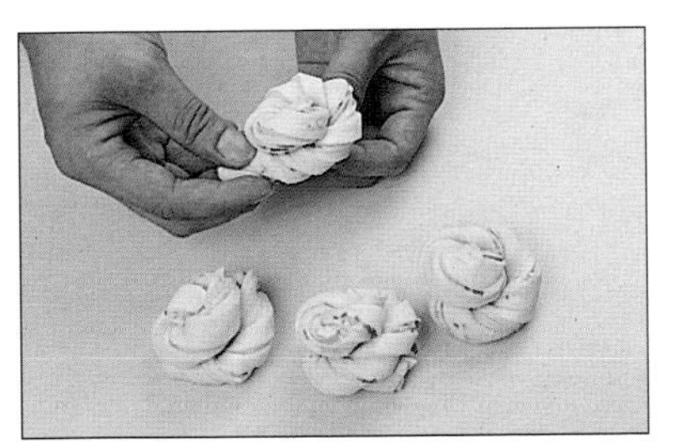

❺左右手抓住麵糰兩端，左手為底，以順時鐘方向捲成螺絲狀。

❻放入蒸籠內醱酵25～30分鐘，醱酵溫度約為30℃，再以中火蒸10～12分鐘。

油・酥・皮・作・法

【注意事項】
油皮製作過程中需防表皮乾裂。若買不到酥油，亦可用豬油代替，但口感稍差。

【準備器具】
擀麵棍、鋼盆、量杯、抹刀、橡膠刮刀、保鮮膜、塑膠刮版。

【皮的材料】
高筋麵粉……………………150g
低筋麵粉……………………150g
酥油(亦可改用豬油)………110g
糖粉…………………………55g
水……………………………150g

【油酥的材料】
低筋麵粉…………………300g
酥油………………………120g

【油皮作法】

❶皮的部份：將高筋麵粉、低筋麵粉、酥油、糖粉、水加入混合。

❷攪拌成糰後，移至桌面準備搓揉。

❸用手來回搓揉麵糰。

❹麵糰未有筋性，表面較為粗糙。

❺麵糰富筋性，表面較為光滑。

❻將麵糰用保鮮膜包起，鬆弛約10分鐘待用。

【油酥作法】

❼油酥部份：將低筋麵粉、酥油混合拌勻。

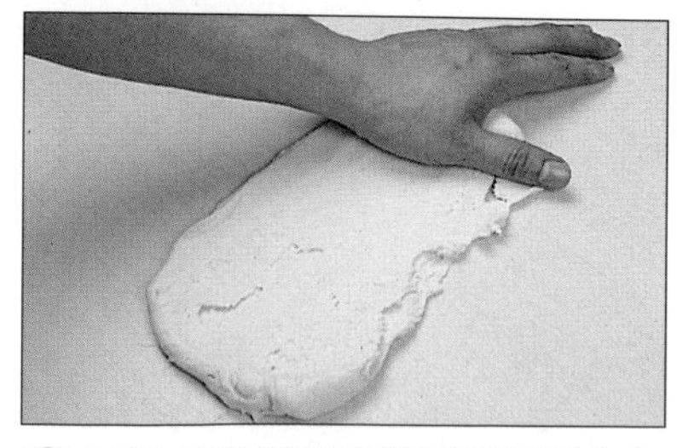

❽移至桌面搓揉至麵粉與酥油完全混合。

❾搓揉至油酥不黏手，表面稍成光滑即成。

【油酥皮作法】

❿將油皮、油酥分割成所需要之大小。

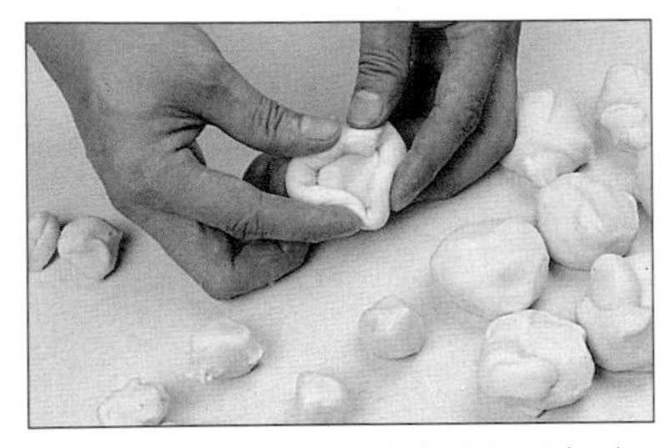

⓫以分割好的油皮把油酥包起來。

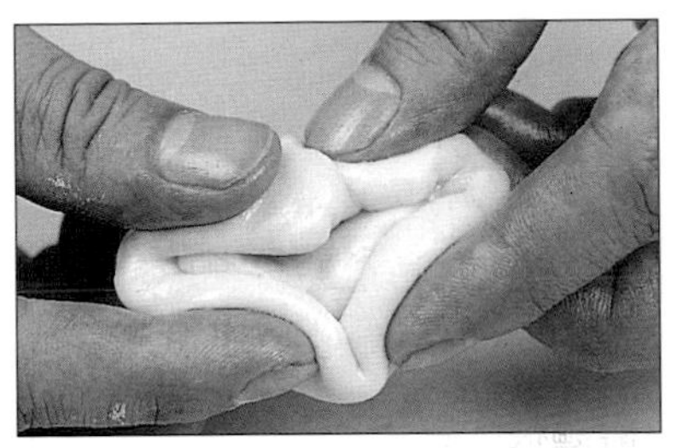

⓬雙手壓住油皮周圍，由外往內合緊。

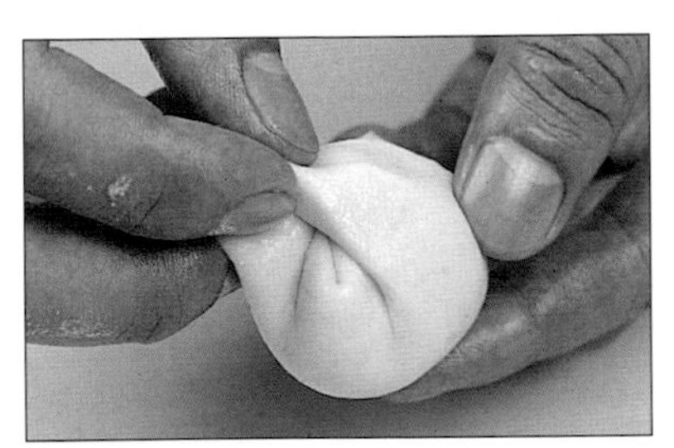

⓭再把多餘之油皮捏緊。

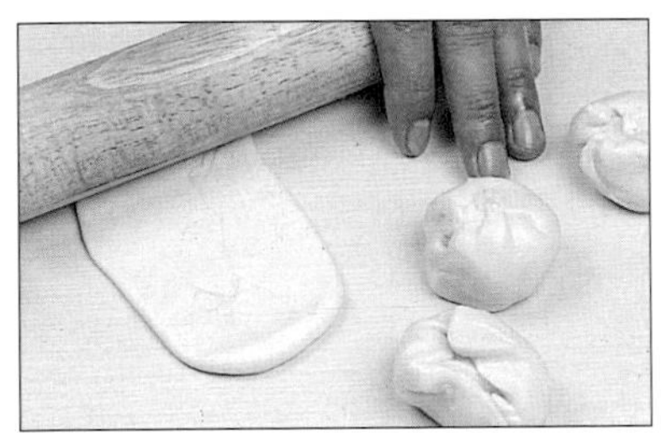

⓮利用擀麵棍將油酥皮由中向外擀開。

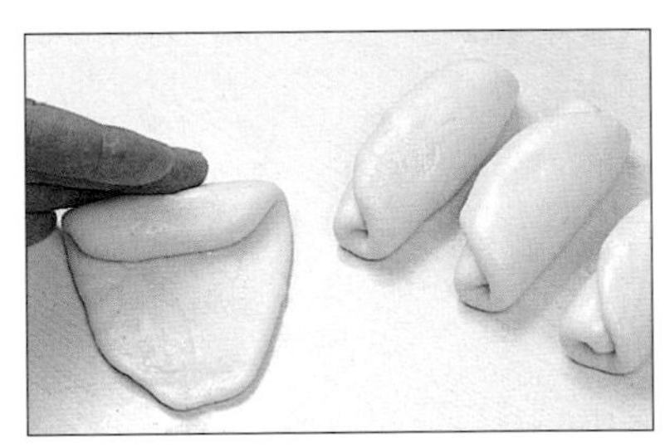

⓯由上往下將油酥皮捲起。

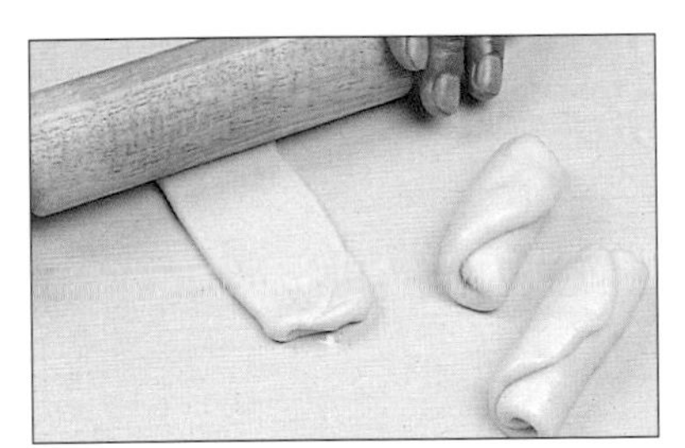

⓰換另一方向，再重複一次擀平與捲起之動作。

⓱捲起來之後，上下產生許多層次，做出來的油酥皮點心就會香酥可口。

【注意事項】
餡煮好拌勻須冷藏或冷凍待用。

【準備器具】
烤箱、擀麵棍、鋼盆、量杯、抹刀、橡膠刮刀、保鮮膜、打蛋器、平盤、叉子、毛刷。

【皮的材料】每個30g，約20個
高筋麵粉150g、低筋麵粉 150g、酥油100g、糖粉55g、水150g。

【油酥材料】每個10g，約20個
低筋麵粉150g、酥油60g。

【餡的材料】每個30g，約20個
砂糖140g、熟糯米粉140g、水230g、酥油150g。

【其他配料】
蛋黃適量 (塗刷表面用)。

【烤焙溫度】
200℃約16分鐘。

老·婆·餅

❶先備妥餡的部份：將砂糖與水混合煮開。

❷隨即加酥油攪拌。

❸待酥油糖水稍冷後，加入熟糯米粉攪拌。

❹攪拌成糰後倒入平盤中，放入冷凍約20分鐘。

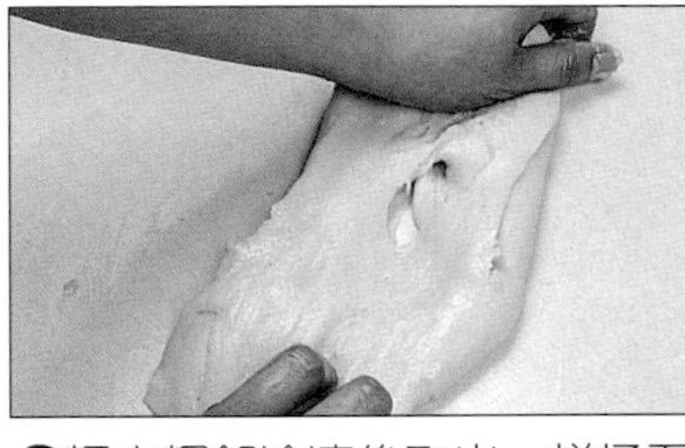

❺糯米糰餡冷凍後取出，搓揉至奶油完全混合。

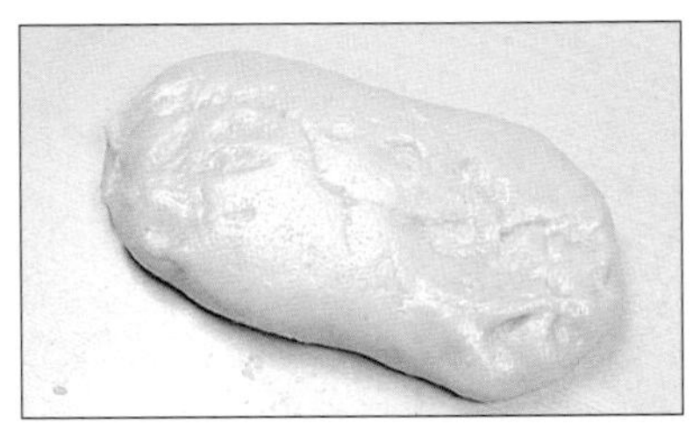

❻搓揉均勻之糯米糰餡，表面光滑如圖示，再將糯米糰餡放入冷藏約20分鐘。

❼再將糯米糰餡自冷藏庫取出，分割成每個30g重，再放入冷藏待用。

❽將包好之油酥皮由中間向外擀開(油酥皮作法參照42、43頁❶～⓱)。

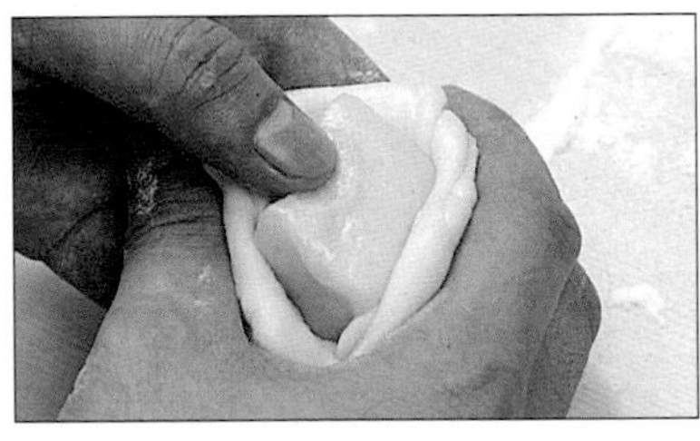

❾包上事先備好之糯米糰餡。

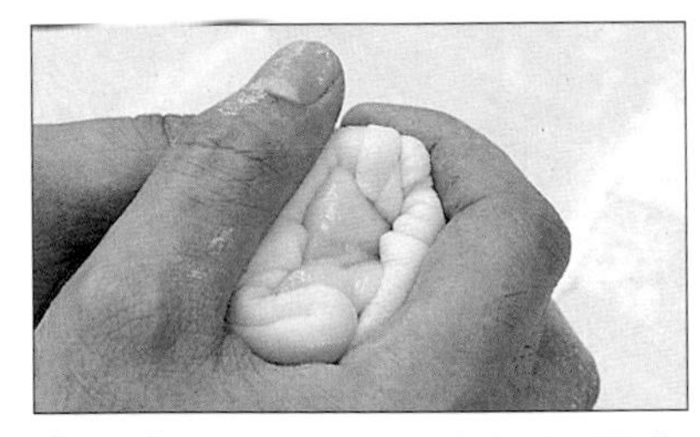

❿用虎口將油酥皮邊緣慢慢收緊。

⓫用手掌將包好餡之麵糰稍微壓平。

⓬利用擀麵棍由中間向外擀成圓形。

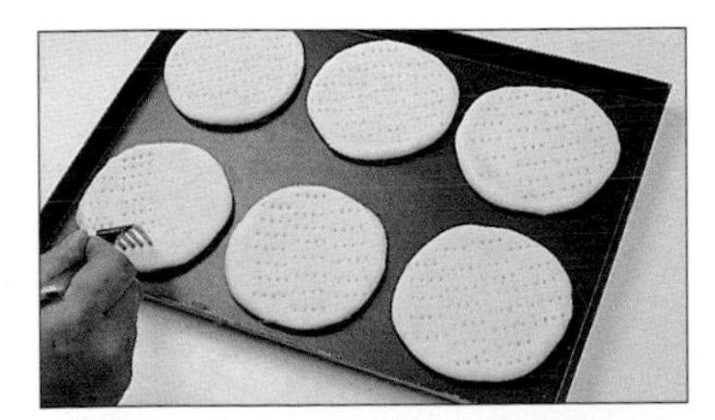

⓭放入烤盤，用叉子在麵糰上叉滿小洞。

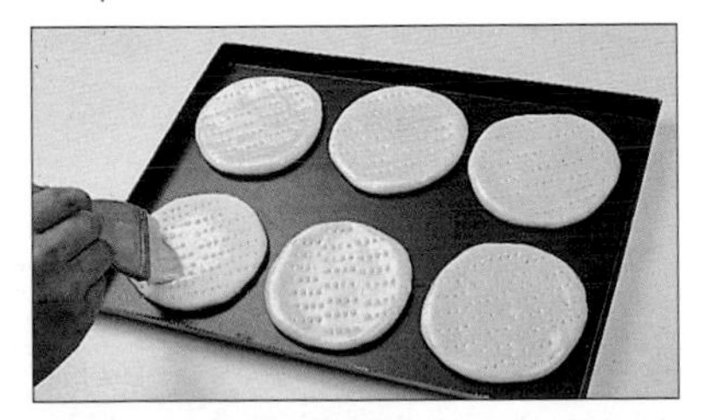

⓮均勻的刷上蛋黃，以200℃烤焙約16分鐘。

油・皮・蛋・塔

【注意事項】
蛋塔水須過濾掉雜質及氣泡，烤出來才會細緻漂亮。

【準備器具】
烤箱、擀麵棍、鋼盆、量杯、抹刀、橡膠刮刀、保鮮膜、打蛋器、毛刷、濾網。

【烤焙溫度】
180℃約20分鐘。

【皮的材料】每個15g，約20個

材料	份量
高筋麵粉	75g
低筋麵粉	75g
酥油	55g
糖粉	35g
水	70g

【油酥材料】每個15g，約20個

材料	份量
低筋麵粉	220g
酥油	85g

【蛋塔水材料】每個65g，約20個

材料	份量
砂糖	300g
水	300g
奶水	300g
蛋	350g (約6個蛋)
蛋黃	70g(約4個蛋黃)

【其他配料】

材料	份量
蛋黃 (塗刷表面用)	適量

❶先準備蛋塔水部份：將奶水與水煮開後加入砂糖攪拌至砂糖溶解。

❷加入蛋黃和蛋，攪拌均匀。

❸用濾網過濾掉蛋與砂糖之間的雜質後待用。

❹將包好之油酥皮由中間向外擀成圓形(油酥皮作法參照42、43頁❶～⓱)。

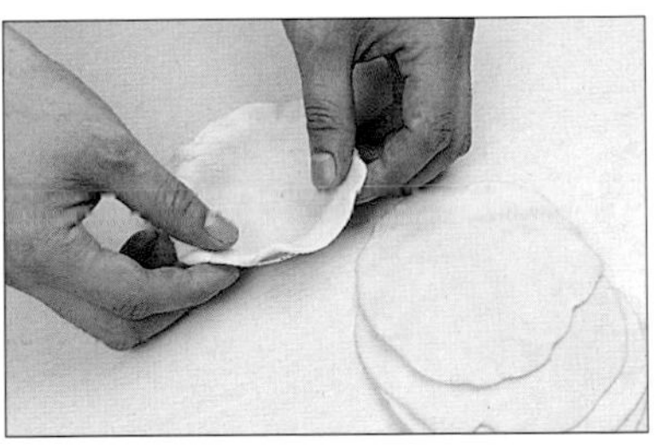

❺將擀開之蛋塔皮置於蛋塔杯內。

❻用一小塊油酥皮，稍微壓一下杯底，使蛋塔皮可與塔杯確實密合。

❼用手指將多出之蛋塔皮，以逆時鐘方向捏出螺旋狀之紋路。

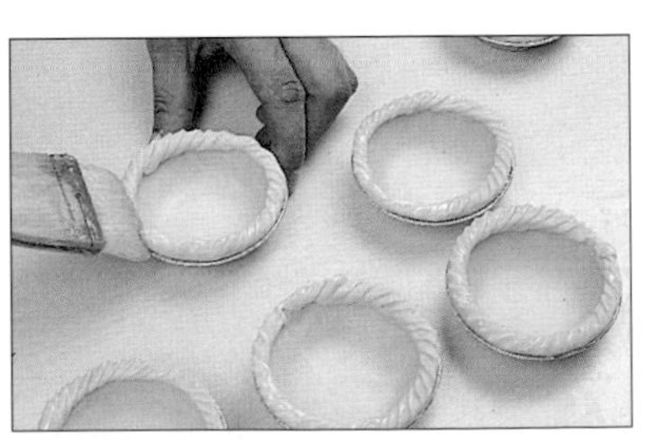

❽要進入烤箱之前，先將蛋塔皮邊緣刷上一層蛋黃。

❾將事先備好之蛋塔水，倒入蛋塔皮中，約8～9分滿。以180℃烤焙約20分鐘。

豆・沙・酥

【注意事項】
切割表面時，注意每一刀力道應一樣深，烤出的花紋才會漂亮。

【準備器具】
烤箱、擀麵棍、鋼盆、量杯、抹刀、橡膠刮刀、保鮮膜、打蛋器、毛刷、小刀。

【皮的材料】每個15g，約20個
高筋麵粉……………………75g
低筋麵粉……………………75g
酥油…………………………55g
糖粉…………………………30g
水……………………………70g

【油酥材料】每個15g，約20個
低筋麵粉…………………220g
酥油…………………………85g

【餡的材料】每個30g，約20個
烏豆沙……………………600g

【其他配料】每個30g，約20個
蛋黃(塗刷表面用)…………適量

【烤焙溫度】
210℃約18～20分鐘。

❶將拌好的油皮、油酥分割成每個15g(油皮、油酥作法請參照42頁❶～❾)。

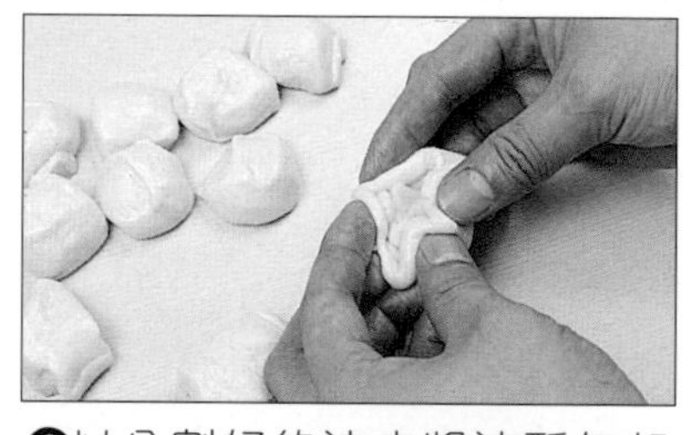

❷以分割好的油皮將油酥包起來。

❸利用擀麵棍將油酥皮由中向外擀開(油酥皮作法請參照43頁⓭～⓱)。

❹包上烏豆沙餡，用手壓住油酥皮周圍，由外往內合緊，再將麵糰稍微壓扁。

❺用小刀在麵糰周圍斜斜的劃上切口，注意每一刀的深淺距離。

❻刷上蛋黃，以210℃烘烤約18～20分鐘。

菊・花・酥

【注意事項】
由於本配方糖份較少，烘烤時表面不易上色，通常以時間來判斷何時出爐。

【準備器具】
烤箱、擀麵棍、鋼盆、量杯、抹刀、橡膠刮刀、保鮮膜、打蛋器、剪刀、毛刷。

【皮的材料】每個20g，約15個
高筋麵粉……………………75g
低筋麵粉……………………75g
酥油…………………………55g
糖粉…………………………20g
水……………………………70g

【油酥材料】每個10g，約15個
低筋麵粉…………………110g
酥油…………………………40g

【餡的材料】每個20g，約15個
烏豆沙……………………300g

【烤焙溫度】
210℃約18～20分鐘。

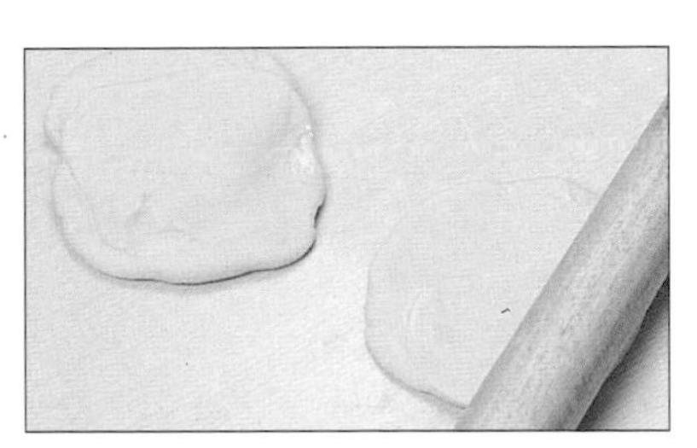

❶將包好之油酥皮由中間向外擀開(油酥皮作法參照42、43頁❶～⓱)。

❷包上事先準備好之烏豆沙餡。

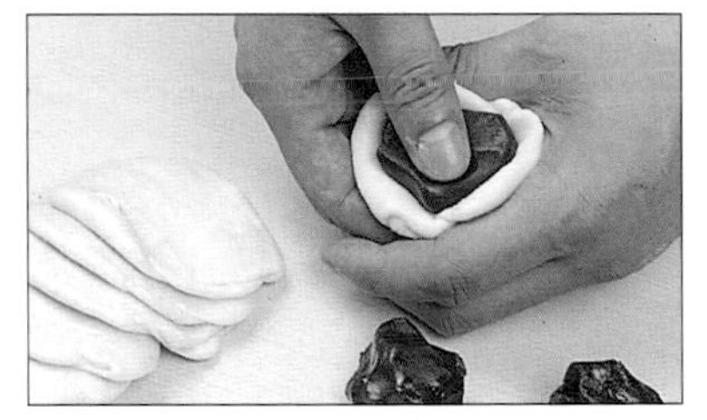

❸用虎口將油酥皮邊緣慢慢向內收緊，再將麵糰稍微壓扁。

❹將包好餡之麵糰由中間向外擀成圓形。

❺用剪刀在麵糰邊緣剪約2～3公分，中間不要剪斷。

❻將剪開的斷面翻開朝上，放入烤盤，以210℃烤焙約15～16分鐘。

咖・哩・餃

【注意事項】
油酥部份需先用咖哩粉拌過。

【準備器具】
烤箱、擀麵棍、鋼盆、量杯、橡膠刮刀、保鮮膜、平底鍋、木杓、小湯匙，毛刷。

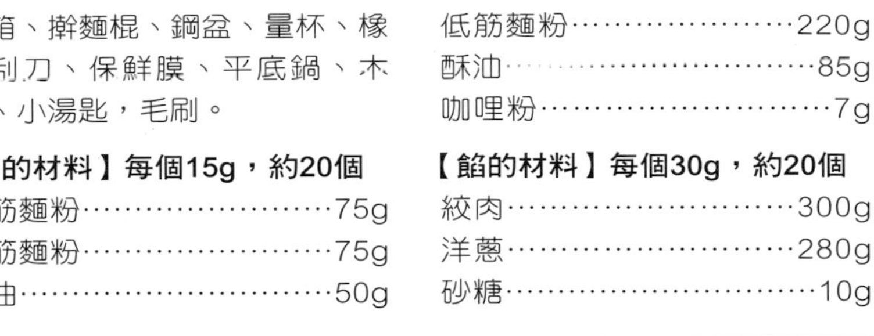

【皮的材料】每個15g，約20個
高筋麵粉……75g
低筋麵粉……75g
酥油……50g
糖粉……30g
水……70g

【油酥材料】每個15g，約20個
低筋麵粉……220g
酥油……85g
咖哩粉……7g

【餡的材料】每個30g，約20個
絞肉……300g
洋蔥……280g
砂糖……10g

鹽……5g
低筋麵粉……15g
咖哩粉……10g

【其他配料】
蛋黃(塗刷表面用)……適量
白芝麻(表面裝飾用)……少許

【烤焙溫度】
210℃約16～18分鐘。

❶先備妥餡的部份：先將絞肉炒熟，再放入洋蔥、砂糖、鹽等材料炒熟。

❷隨即加入低筋麵粉與咖哩粉炒乾，即可離火待用。

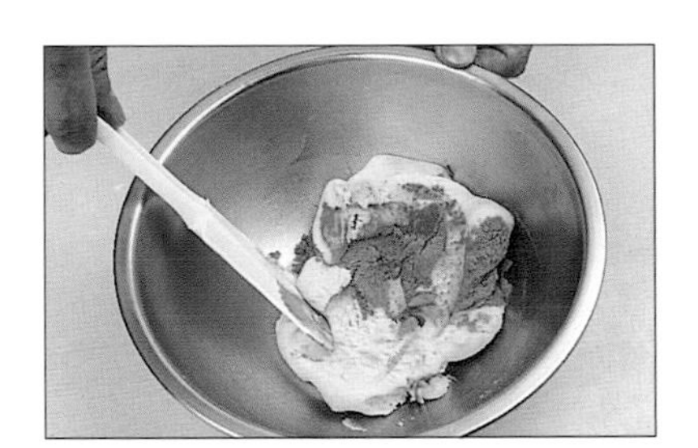

❸將拌好之油酥，加入咖哩粉拌勻（油酥作法請參照42頁❼～❾）。

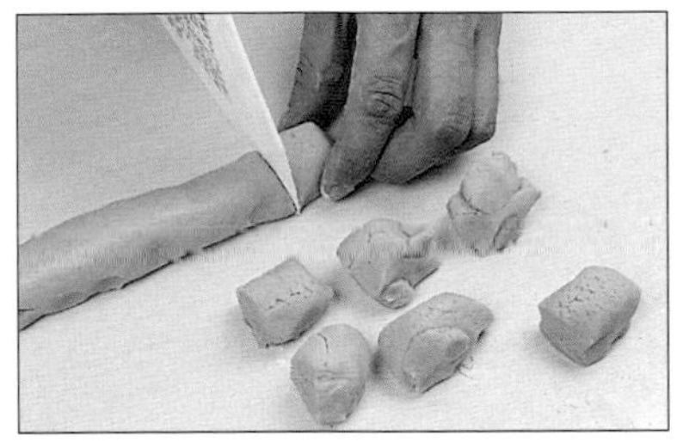

❹把拌好之油酥，搓成長條狀，分割成每個15g重。

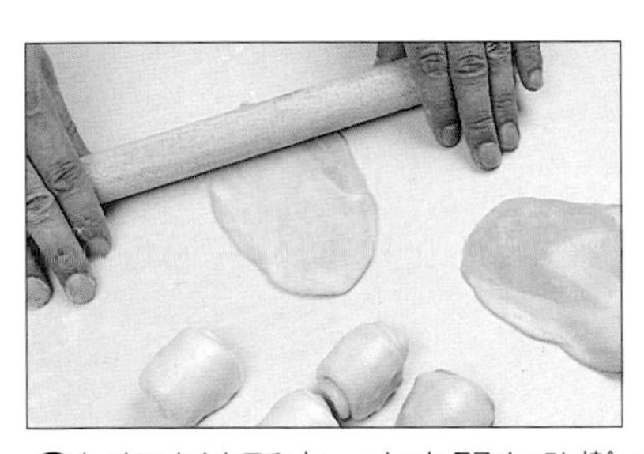

❺包好之油酥皮，由中間向外擀開(油酥皮作法參照42、43頁❶～⓱)。

❻用湯匙包上事先備好之咖哩餡後，對摺成餃子狀。

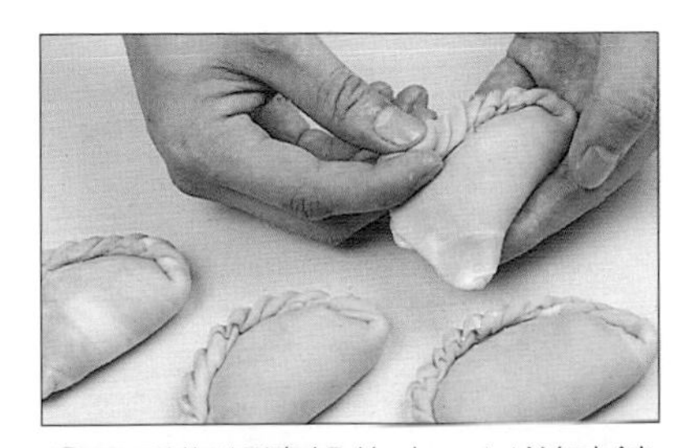

❼用手指將邊緣的皮，以逆時鐘方向捏出螺旋狀之紋路。

❽要進烤箱之前，先將咖哩餃刷上一層蛋黃，再點上白芝麻。以210℃烤焙約16～18分鐘。

太·陽·餅

【注意事項】
由於本配方糖份較少，烘烤時表面不易上色，通常以時間來判斷何時出爐。

【準備器具】
烤箱、擀麵棍、鋼盆、量杯、抹刀、橡膠刮刀、保鮮膜、打蛋器。

【皮的材料】每個20g，約15個
高筋麵粉75g、低筋麵粉75g、酥油55g、糖粉20g、水70g。

【油酥材料】每個10g，約15個
低筋麵粉110g、酥油40g。

【餡的材料】每個30g，約15個
糖粉250g、麥芽糖65g、奶水17g、沙拉油38g、低筋麵粉80g。

【烤焙溫度】
160℃約22分鐘。

❶先備妥糖餡的部份：將糖粉、麥芽糖、奶水、沙拉油、低筋麵粉混合。

❷由於糖餡部份較硬，需用手拿捏攪拌。

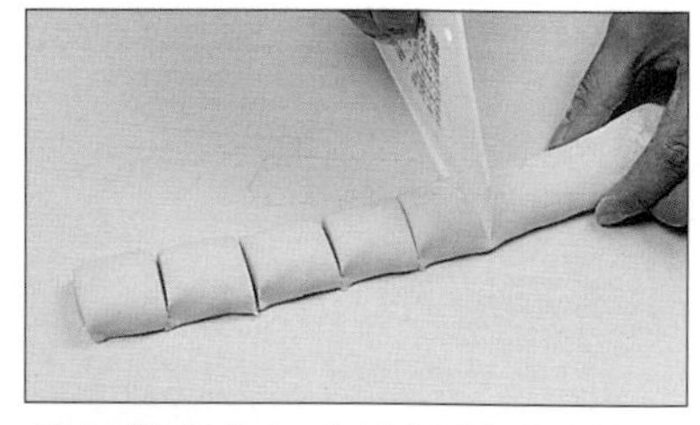

❸將攪拌均勻之糖餡搓成長條，分割成每個30g大小待用。

❹把包好之油酥皮由中間向外擀開(油酥皮作法請參照42、43頁❶～⓱)。

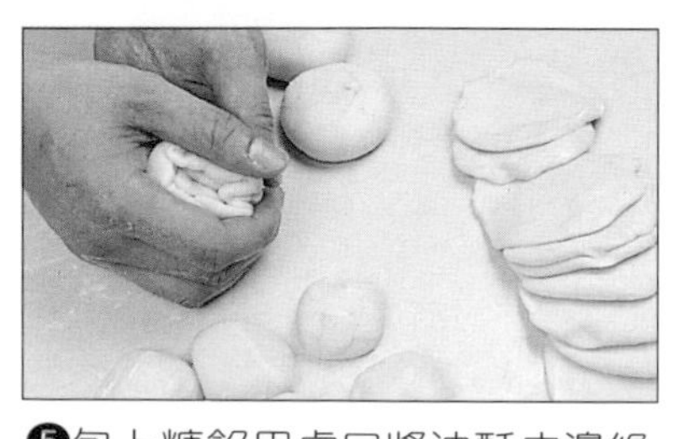

❺包上糖餡用虎口將油酥皮邊緣慢慢收緊，稍微將麵糰壓平。

❻由中間向外擀成圓形，直徑約8公分，接合處朝上放入烤盤，以160℃烤焙約22分鐘。

胡・椒・餅

【注意事項】
其他配料中之白芝麻先泡水約10分鐘濾乾水待用。

【準備器具】
烤箱、擀麵棍、鋼盆、量杯、橡膠刮刀、保鮮膜、小湯匙、烤盤。

【皮的材料】每個20g，約15個
高筋麵粉75g、低筋麵粉75g、酥油50g、糖粉30g、水70g。

【油酥材料】每個20g，約15個
低筋麵粉220g、酥油85g。

【餡的材料】每個50g，約15個
絞肉600g、蔥末100g、白芝麻50g、砂糖20g、鹽10g、醬油30g、黑胡椒10g、五香粉1g。

【其他配料】
白芝麻(泡水)少許(表面裝飾用)

【烤焙溫度】
230℃約14～16分鐘。

❶先備妥餡料的部份。

❷將絞肉、蔥末、白芝麻、砂糖、鹽、醬油、黑胡椒、五香粉等材料拌勻。

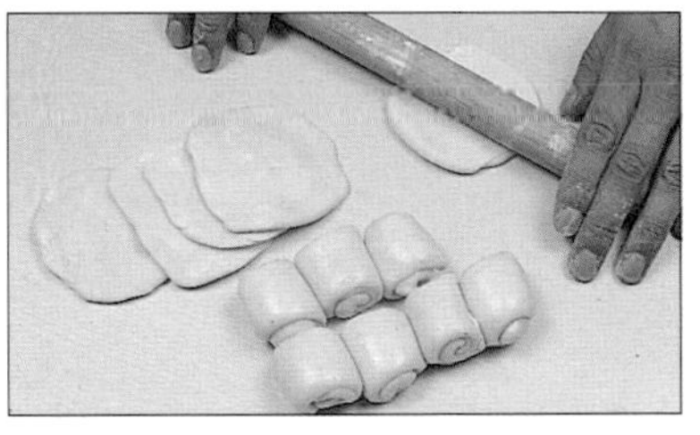

❸把油皮油酥包好，再把麵糰由中間向外擀開(油酥皮作法請參照42、43頁❶～⓱)。

❹包上事先備好之餡料，用虎口將油酥皮邊緣慢慢收緊。

❺將已包好餡料之麵糰，沾上白芝麻，以230℃烤焙約14～16分鐘。

叉・燒・酥

【注意事項】
這裡的叉燒肉是用一般市面購得之叉燒肉製作。

【準備器具】
烤箱、擀麵棍、鋼盆、量杯、橡膠刮刀、保鮮膜、毛刷、抹刀、打蛋器。

【皮的材料】每個20g，約15個
高筋麵粉……75g
低筋麵粉……75g
酥油……50g
糖粉……30g
水……70g

【油酥材料】每個20g，約15個
低筋麵粉……220g
酥油……85g

【餡的材料】每個30g，約15個
水……130g
玉米粉……20g
砂糖……55g
鹽……5g
醬油……7g
五香粉……0.5g
雞湯塊……3g
紅色素……少許

【其他配料】
叉燒肉(餡料用)……170g
蛋黃(塗刷表面用)……適量
香菜(表面裝飾用)……少許
黑芝麻(表面裝飾用)……少許

【烤焙溫度】
230℃約12～14分鐘。

❶先備妥餡料部份：將水、玉米粉、砂糖、鹽、醬油、五香粉、雞湯塊、紅色素等拌勻。

❷拌勻後加熱煮至濃稠狀，在過程中需不斷攪拌鍋底，防止燒焦。

❸將叉燒肉切丁，再與叉燒醬拌勻待用。

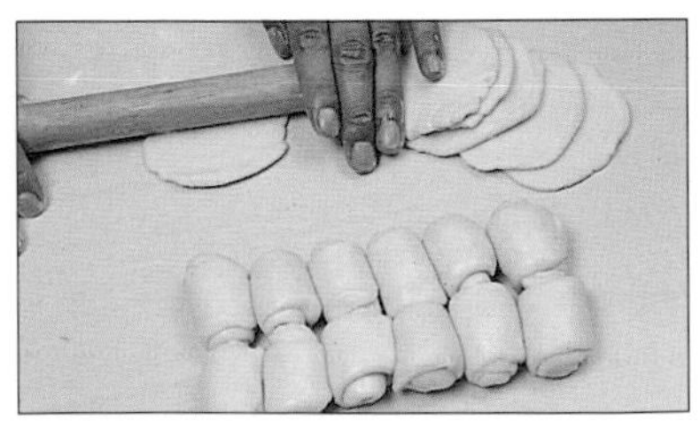

❹包好之油酥皮，由中間向外擀開(油酥皮作法請參照42、43頁❶～⑰)。

❺包上已調好醬之叉燒肉，用虎口將油酥皮邊緣慢慢收緊捏合。

❻進入烤箱前，先將叉燒酥刷上一層蛋黃，再點上黑芝麻與香菜葉作為裝飾。以230℃烤焙約12～14分鐘。

皮・蛋・酥

【注意事項】煮好之奶油醬，須待涼之後比較好操作。

【準備器具】烤箱、擀麵棍、鋼盆、量杯、橡膠刮刀、保鮮膜、打蛋器、小湯匙、毛刷、小刀。

【皮的材料】每個15g，約20個
高筋麵粉75g、低筋麵粉75g、酥油50g、糖粉30g、水70g。

【油酥材料】每個15g，約20個
低筋麵粉220g、酥油80g。

【餡的材料】每個30g，約15個
玉米粉50g、奶水100g、水75g、砂糖60g、奶油70g。

【其他配料】
香菜(表面裝飾用)少許、皮蛋(餡料用)3個、蛋黃(塗刷表面用)適量。

【烤焙溫度】
210℃約18～20分鐘。

❶先備妥餡的部份，玉米粉與奶水混合均勻。

❷水與砂糖混合攪拌均勻。

❸將已拌勻之玉米粉與奶水倒入攪拌。

❹加熱煮至濃稠狀，在過程中需不斷攪拌鍋底，防止燒焦。

❺將奶油醬先離火，再加入奶油攪拌均勻待用。

❻將皮蛋剝殼後，切成丁待用。

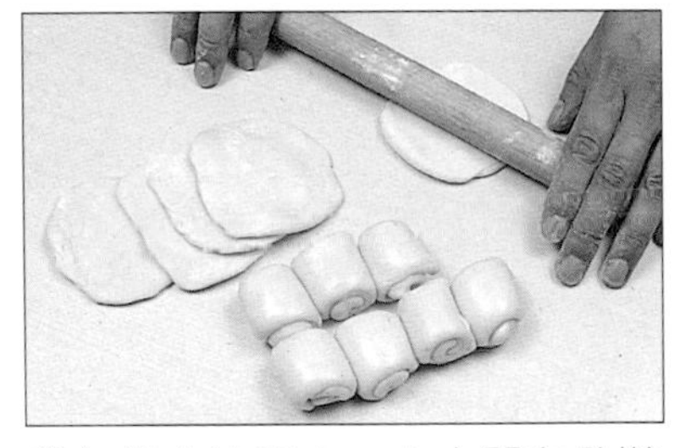

❼包好之油酥皮，由中間向外擀開(油酥皮作法參照42、43頁❶～⓱)。

❽先抹上奶油醬，再放入切丁之皮蛋，對摺成餃子狀。

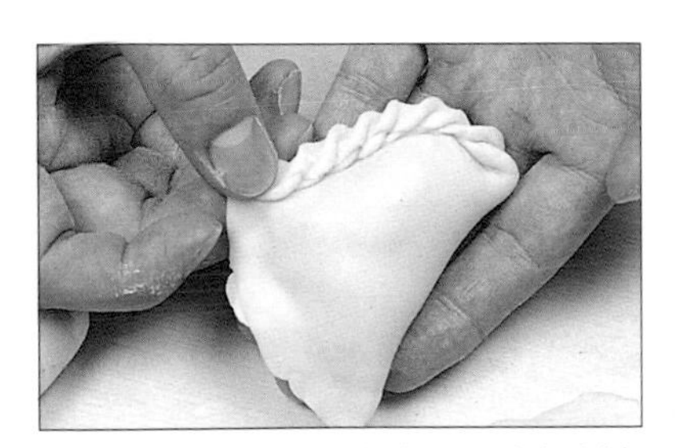

❾用手指將邊緣的皮，以逆時鐘方向捏出螺旋狀之紋路。

❿進入烤箱之前，先將皮蛋酥刷上一層蛋黃，再點上香菜葉做為裝飾。以210℃烤焙約18～20分鐘。

【注意事項】餡料炒好後裝入平盤，請放置於冰箱冷藏待用。

【準備器具】烤箱、擀麵棍、鋼盆、量杯、橡膠刮刀、保鮮膜、平底鍋、木杓、小湯匙、毛刷、打蛋器。

【皮的材料】每個16g，約18個
高筋麵粉75g、低筋麵粉75g、酥油50g、糖粉30g、水70g。

【油酥材料】每個11g約18個
低筋麵粉150g、酥油55g。

【餡的材料】每個33g約18個
絞肉180g、火腿片絲80g、什錦豆90g、砂糖6g、鹽3g、低筋麵粉20g、玉米粉20g、水150g。

【其他配料】
芝麻(表面裝飾用)少許、蛋黃(塗刷表面用)適量。

【烤焙溫度】
210℃約14～16分鐘。

❶先備妥餡料的部份：將低筋麵粉、玉米粉與水攪拌均勻。

火・腿・捲

❷將絞肉炒熟放入砂糖、鹽。

❸絞肉炒熟後加入火腿片絲與什錦豆繼續炒熱。

❹倒入調好之低筋麵粉、玉米粉與水，炒至麵糊水成糊狀。

❺倒入已鋪好塑膠紙之平盤，將餡料抹平，置於冰箱內。

❻待餡料冰涼後取出，切成每條寬約2公分待用。

❼將油皮油酥備好(油酥油皮作法參照42❶～❾)。

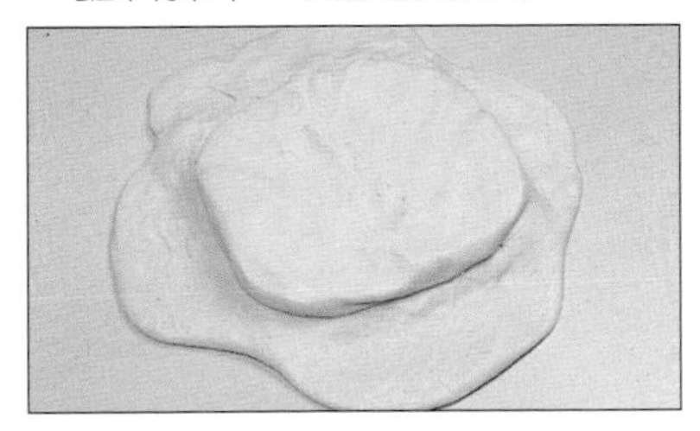

❽把油皮擀成四方形，四方之邊緣擀比中間薄，放上油酥。

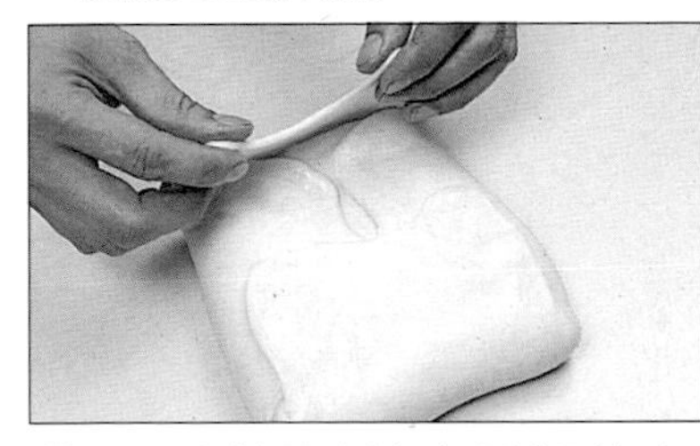

❾以四方較薄之油皮將油酥包起來。

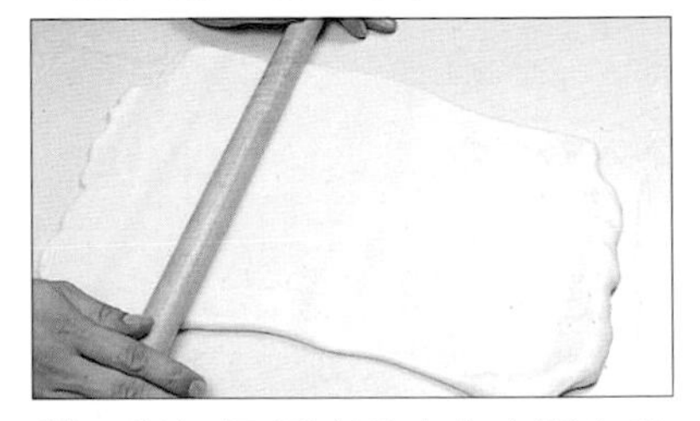

❿用擀麵棍將油酥皮由中間向外擀成長方形。

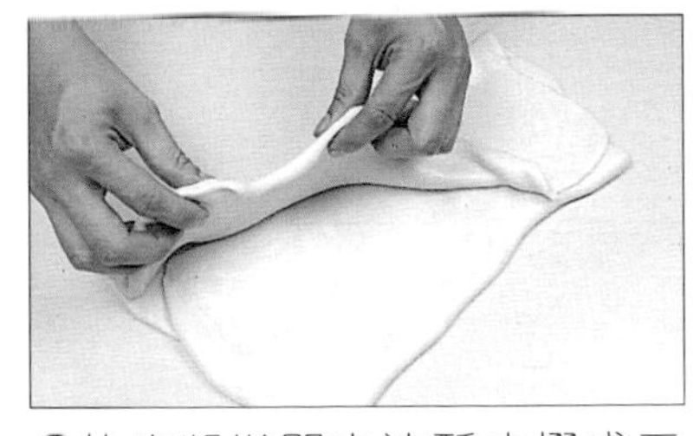

⓫依序將擀開之油酥皮摺成三摺。

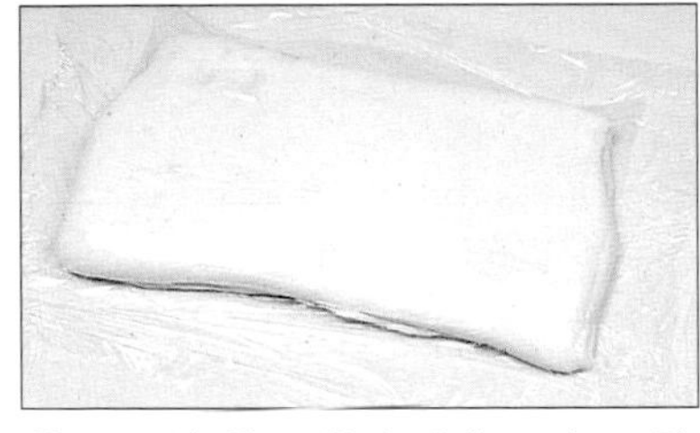

⓬再重複❿～⓫之動作一次，然後蓋上保鮮膜鬆弛約10分鐘。

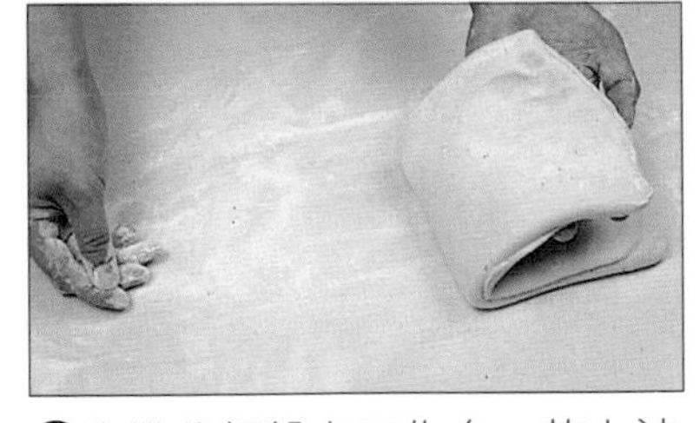

⓭先撒些麵粉在工作台，放上油酥皮，由中間向外擀成長約60cm、寬約33cm的長方形。

⓮擀開之油酥皮分成三等分，為長約60公分、寬約11公分，再刷上蛋汁。

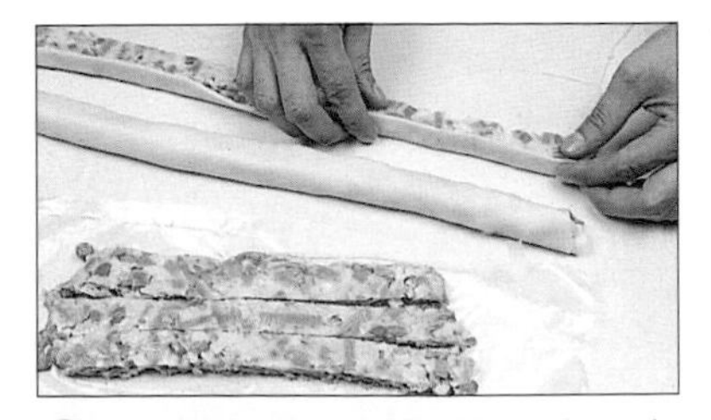

⓯包入備好的火腿餡後，油酥皮由上至下將火腿餡包住，再分成六等分。

⓰接合處朝下，平排於烤盤，刷上蛋黃，裝飾些白芝麻以210℃烤焙約14～16分鐘。

【注意事項】

包裹麵糰之奶油在常溫下需成固態狀，如瑪雅琳、乳瑪琳。需冷藏之奶油並不適用。

【準備器具】

擀麵棍、鋼盆、量杯、抹刀、橡膠刮刀、保鮮膜、打蛋器、小刀、毛刷、塑膠刮版、鐵尺。

【皮的材料】每個30g，約16個

高筋麵粉100g、低筋麵粉 100g、糖粉5g、鹽3g、奶油5g、蛋50g(約1個蛋)、水100g。

【餡的材料】每個15g，約16個

雞丁150g、什錦豆50g、砂糖5g、鹽3g、胡椒粉2g、沙拉油10g。

【其他配料】

乳瑪琳(麵糰內裹油用)100g、蛋黃(塗抹麵皮用)少許、腰果(表面裝飾用)少許。

【烤焙溫度】

210度，約烤焙16～18分鐘。

❶先備妥餡料部份：將雞丁、什錦豆、砂糖、鹽、胡椒粉、沙拉油一起攪拌待用。

❷準備皮部份：高筋麵粉、低筋麵粉、糖粉、鹽、奶油、蛋、水倒入鋼盆中。

雞・肉・派

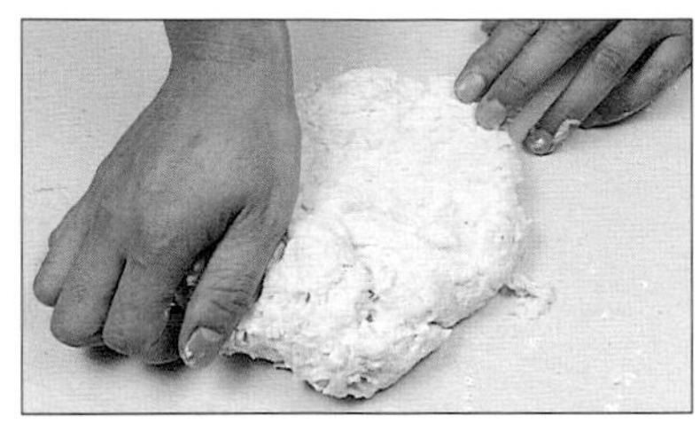

❸攪拌成糰後，移至桌面搓揉。

❹在工作台來回搓揉至稍有筋，撒上些麵粉，防止黏手。

❺用保鮮膜將麵糰蓋住，防止表面風乾，並鬆弛10分鐘。

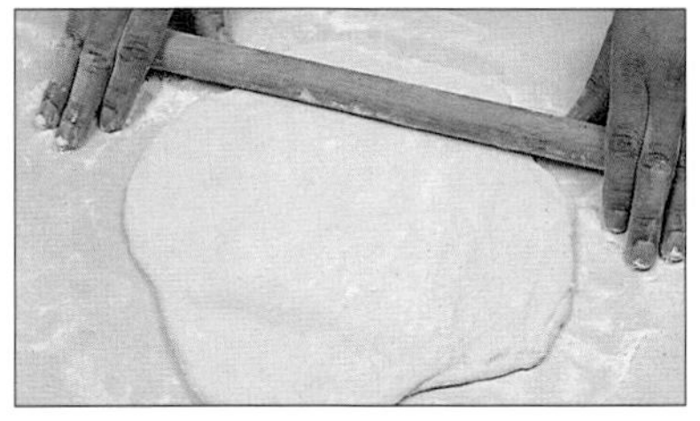

❻將麵糰由四方擀開，旁邊之麵糰較中間薄。

❼購得之乳瑪琳裝入塑膠袋內，壓成四方形，以方便操作。

❽先由兩端之麵糰，將乳瑪琳包起。

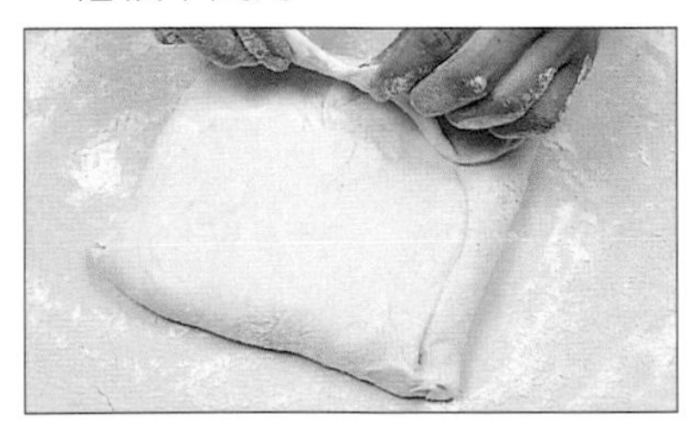

❾同樣動作，將另外兩邊麵糰包起。

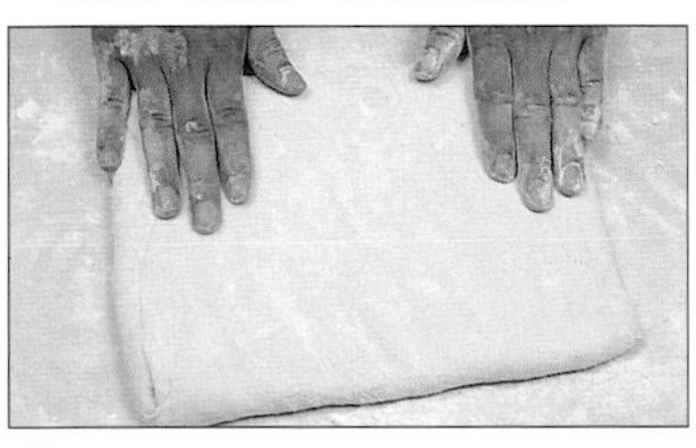

❿麵糰上下撒上些麵粉，用手將麵糰壓平。

⓫用擀麵棍由中間向外，將麵糰擀開成長方形。

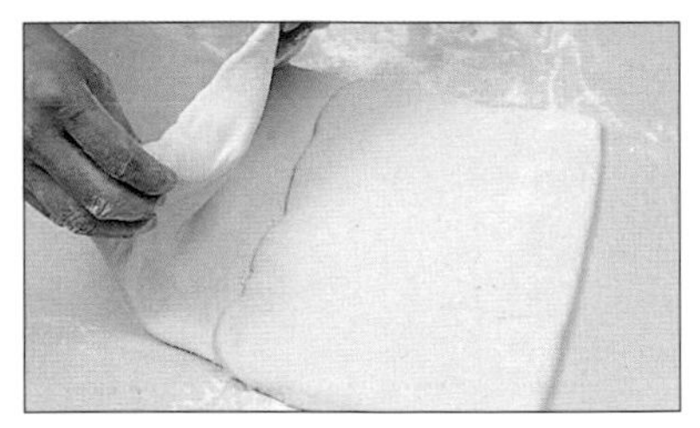

⓬摺成三摺後再重複❿⓫之動作一次，蓋上保鮮膜。

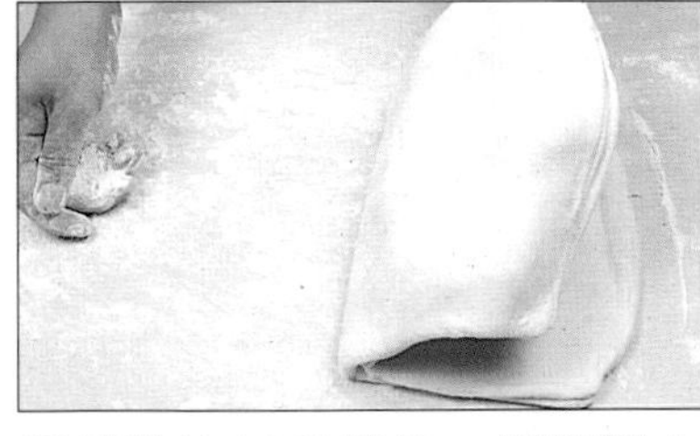

⓭鬆弛約10分鐘後，將麵糰上下撒上些麵粉。

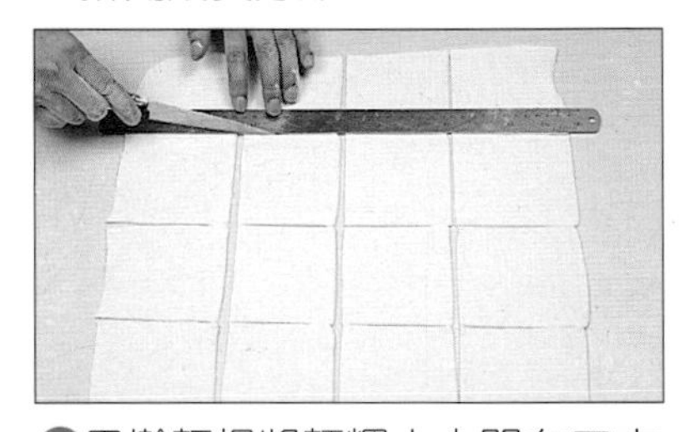

⓮用擀麵棍將麵糰由中間向四方擀開，約切成16片。

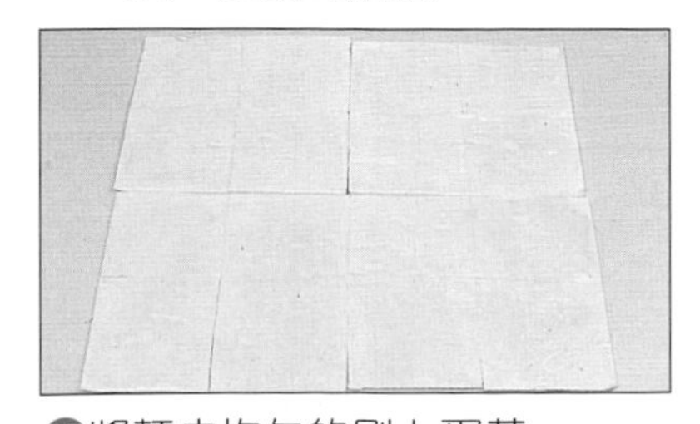

⓯將麵皮均勻的刷上蛋黃。

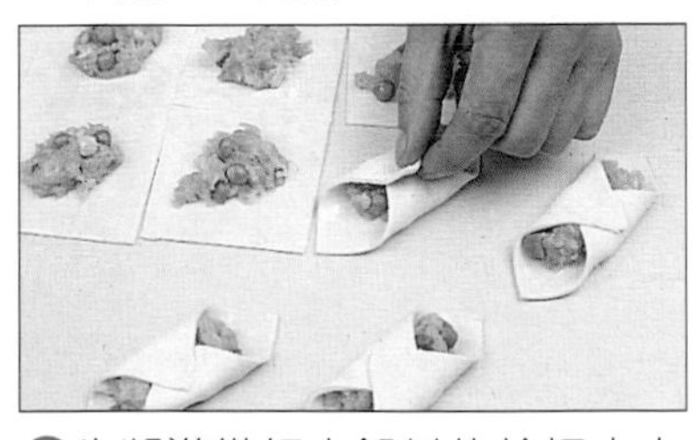

⓰先將準備好之餡料放於麵皮中央，再將對角兩端之麵皮重疊包起。

⓱刷上蛋黃，再放上半顆腰果，以210度烤焙約16～18分鐘。

牛・肉・派

【注意事項】

包裹麵糰之奶油在常溫下需成固態狀，如瑪雅琳、乳瑪琳。需冷藏之奶油並不適用。

【準備器具】

擀麵棍、鋼盆、量杯、抹刀、橡膠刮刀、保鮮膜、打蛋器、小刀、毛刷、塑膠刮版、鐵尺。

【皮的材料】每個30g，約16個

高筋麵粉……100g
低筋麵粉……100g
糖粉……5g
鹽……3g
奶油……5g
蛋……50g(約1個蛋)
水……100g

【餡的材料】每個20g，約16個

牛肉……200g
青豆仁……50g
洋蔥……80g
砂糖……5g
鹽……3g
胡椒粉……2g
沙拉油……10g

【其他配料】

乳瑪琳(麵糰內裹油用)……100g
蛋黃(塗抹麵皮用)……少許
黑芝麻(表面裝飾用)……少許

【烤焙溫度】

210度，約烤焙16～18分鐘

❶先備妥餡料部份：將牛肉、青豆仁、洋蔥、砂糖、鹽、胡椒粉、沙拉油一起攪拌待用。

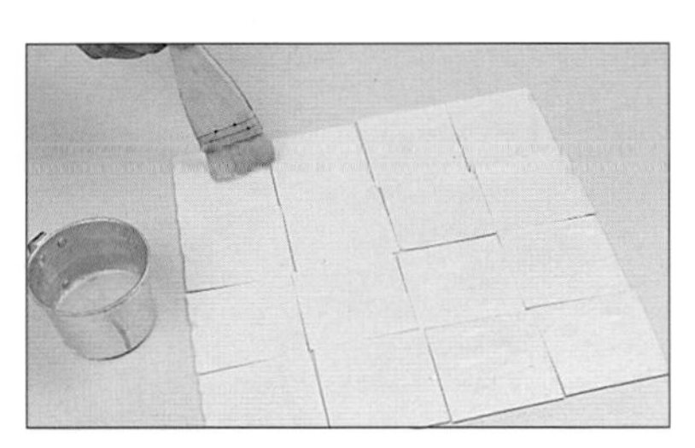

❷將麵皮均勻的刷上蛋黃(麵皮作法參照 60、61頁❷～⓮)。

❸把備好之餡料放於麵皮中央。

❹放入餡料之皮，用手對摺成三角形，開口處稍微壓一下。

❺將麵糰放置於烤盤，用小刀在麵皮表面上，劃上兩刀缺口。

❻麵皮上均勻的刷上蛋黃，撒些黑芝麻點綴，以210度烤焙約16～18分鐘。

【注意事項】
包裹麵糰之奶油在常溫下需成固態狀，如瑪雅琳、乳瑪琳。需冷藏之奶油並不適用。

【準備器具】
擀麵棍、鋼盆、量杯、抹刀、橡膠刮刀、保鮮膜、打蛋器、小刀、毛刷、塑膠刮版、鐵尺、平底鍋、木杓。

【皮的材料】每個40g，約12個
高筋麵粉……100g
低筋麵粉……100g
糖粉……5g
鹽……3g
奶油……5g
蛋……50g(約1個)
水……100g

【餡的材料】每個45g，約12個
蘋果……300g
砂糖……80g
玉米粉……40g
水……160g

【其他配料】
乳瑪琳(麵糰內裹油用)……100g
蛋黃(塗抹麵皮用)……少許

【烤焙溫度】
用220度約烤焙20～22分鐘。

蘋・果・派

❶先備妥餡料部份：水先與玉米粉攪拌均勻。

❷蘋果先切丁，放入鍋中以中火炒熱。

❸再加入糖繼續加熱，炒至糖溶解。

❹倒入已拌勻之玉米粉與水。

❺炒至蘋果餡成濃稠狀，即可起鍋待用。

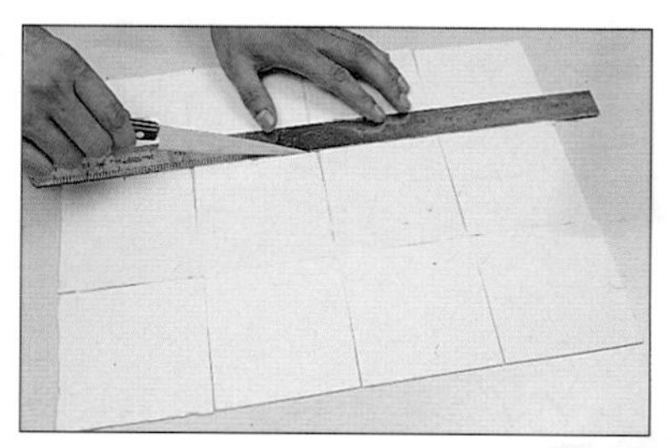

❻將麵皮分割成12片 (麵皮作法請參照 60、61頁❷～⓮)。

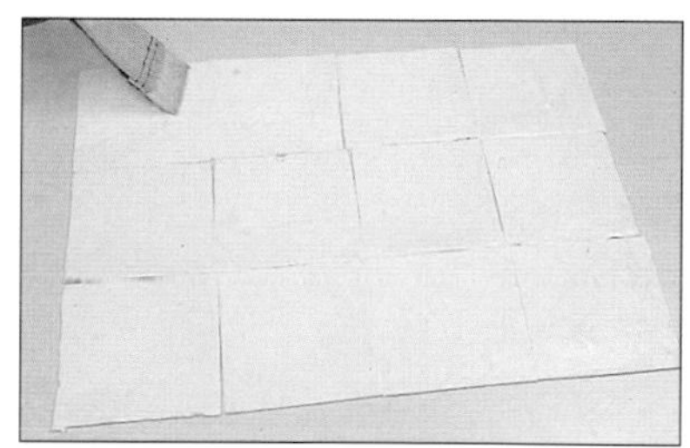

❼在已切割之麵皮邊緣，均勻的刷上蛋汁。

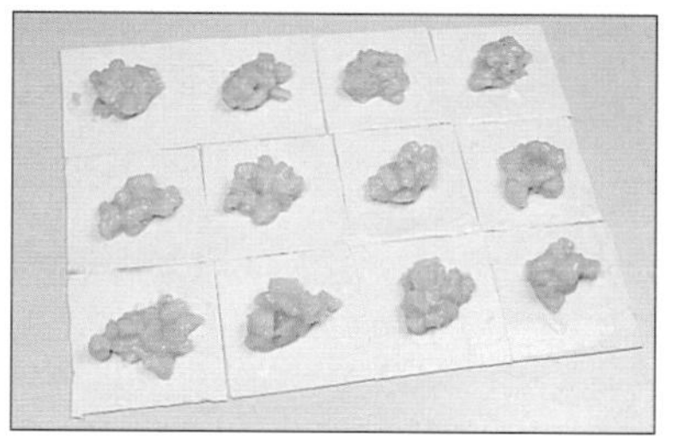

❽把準備好之餡料放於麵皮中央。

❾放入餡料之皮，用手對摺成三角形，開口處稍微壓一下。

❿將麵糰放置於烤盤，用小刀在表面上劃上兩刀缺口，均勻的刷上蛋黃，以220度烤焙約20～22分鐘。

【注意事項】
準備沾芝麻之麵糰，只要將麵糰表面沾水即可。

【準備器具】
鋼盆、量杯、橡膠刮刀、打蛋器、量匙、濾網、塑膠刮版、平盤。

【麵糰材料】每個10g，約70個
低筋麵粉……450g
沙拉油……20g
砂糖……150g
水……100g
泡打粉……9g
小蘇打粉……1g
蛋……50g(約1個)

【其他配料】
白芝麻(表面裝飾用)……少許
黑芝麻(表面裝飾用)……少許

【油炸溫度】
以中火(約120℃)炸約6～8分鐘。

開・口・笑

❶將砂糖與水混合，再加入泡打粉與小蘇打粉。

❷加入蛋攪拌均勻，需拌至砂糖溶解。

❸將沙拉油倒入，攪拌均勻。

❹倒入低筋麵粉，將麵粉上下攪拌。

❺移至工作台，用手搓揉麵糰至表面光滑。

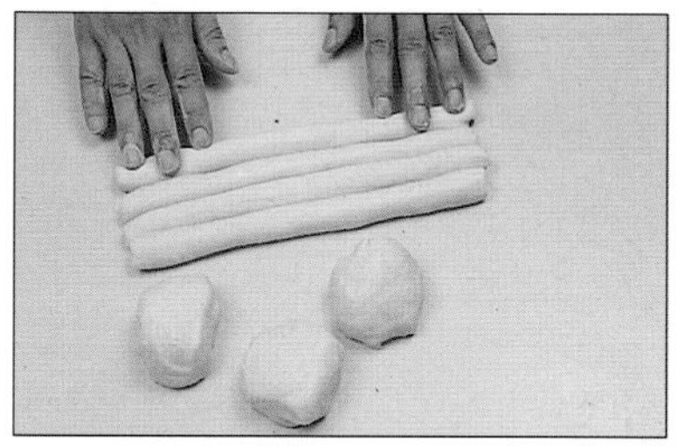

❻把麵糰分割成每個100g重，搓成長條狀，以利分割成小塊麵糰。

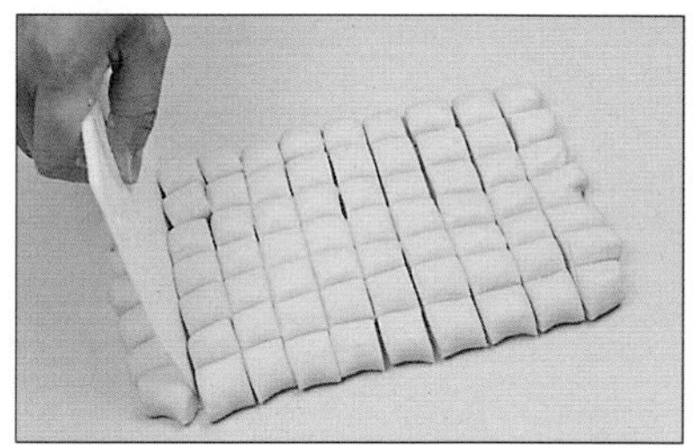

❼用塑膠刮版將長條形之麵糰分割成10等分，每個約10g。

❽分割好之麵糰，先用手搓成圓形，用濾網將麵糰表面沾水。

❾倒入放有白芝麻的平盤中，左右滾動，使麵糰沾上芝麻。

❿油鍋先加熱後放入麵糰，以中火約120℃油炸約6～8分鐘，至表面呈金黃色即可。

芝・麻・球

【注意事項】
攪拌麵糰時需使用冰水，較易於製作。

【準備器具】
鋼盆、量杯、橡膠刮刀、塑膠刮版、濾網。

【油炸溫度】
以中火(約120℃)油炸約6～8分鐘。

【皮的材料】每個15g，約36個
奶油……………………………75g
糖粉……………………………75g
冰水…………………………250g
熟糯米粉……………………150g

【餡的材料】每個20g，約36個
烏豆沙………………………720g

【其他配料】
白芝麻(表面裝飾用)………適量

❶先備妥奶油、糖粉、熟糯米粉於鋼盆內。

❷倒入冰水攪拌均勻。

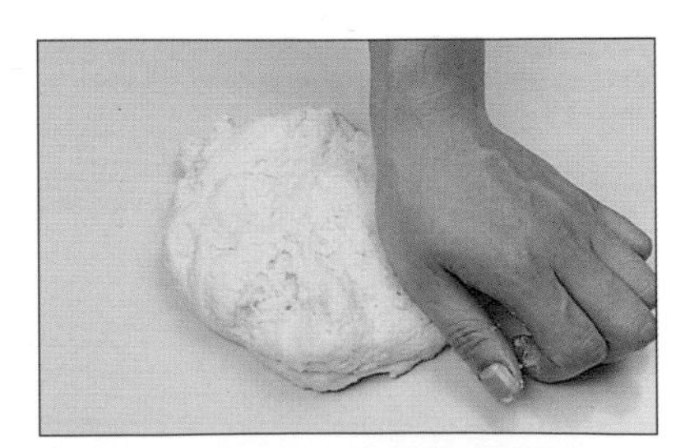

❸移至工作台，用手來回搓揉麵糰，至麵糰稍有黏性。

❹工作台上先撒上些麵粉，將麵糰搓成長條狀。

❺把麵糰分割成每個15g重，烏豆沙每個20g重。

❻麵糰底部先沾上些許麵粉，包上事先備好之烏豆沙餡。

❼將麵糰沾上水，滾上白芝麻，再用手稍微壓一壓麵糰，芝麻較不易掉落。

❽油鍋先加熱後放入麵糰，以中火約120℃油炸約6～8分鐘，至表面呈金黃色即可。

螺・絲・捲

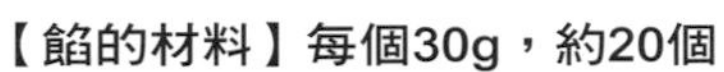

【注意事項】
在第一次壓麵時，麵糰越長，所產生的花紋就會越多圈。

【準備器具】
擀麵棍、鋼盆、量杯、湯瓢、橡膠刮刀、保鮮膜、打蛋器、小刀。

【皮的材料】每個15g，約20個
高筋麵粉……………………75g
低筋麵粉……………………75g
酥油…………………………50g
糖粉…………………………25g
水……………………………70g

【油酥材料】每個15g，約20個
低筋麵粉…………………220g
酥油…………………………85g

【餡的材料】每個30g，約20個
綠豆沙……………………600g

【其他配料】
牛肉乾絲(包餡用)…………適量

【油炸溫度】
中火(約120℃)炸約7～9分鐘。

❶將油皮油酥備好，(油酥油皮作法參照 42頁❶～❾)。

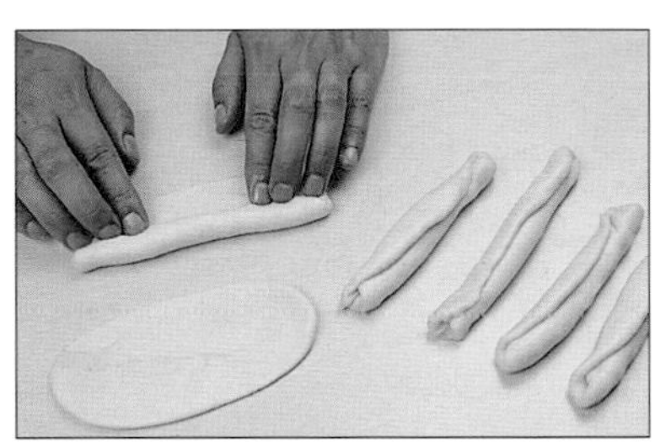

❷把包好的油酥30g、油皮30g，擀成長方形，再捲成長條狀。

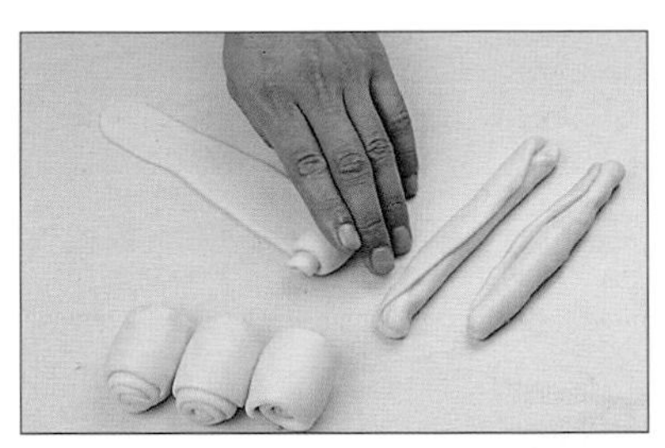

❸再將油酥皮擀開，由上至下把油酥皮捲起。

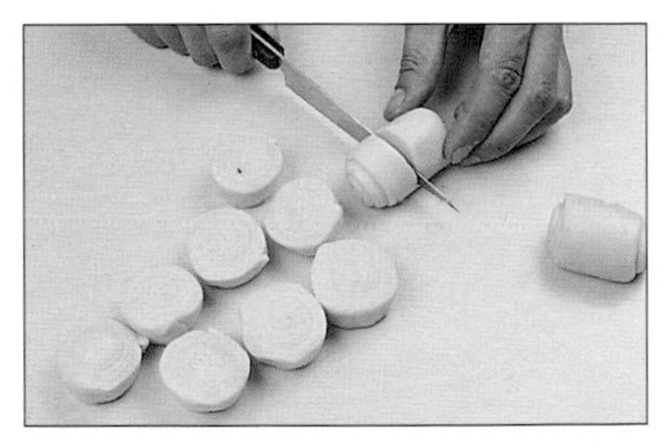

❹捲起之油酥皮對切，斷面朝上放置好，蓋上保鮮膜待用。

❺將綠豆沙餡分成每個30g重，中間再放入少許牛肉餡。

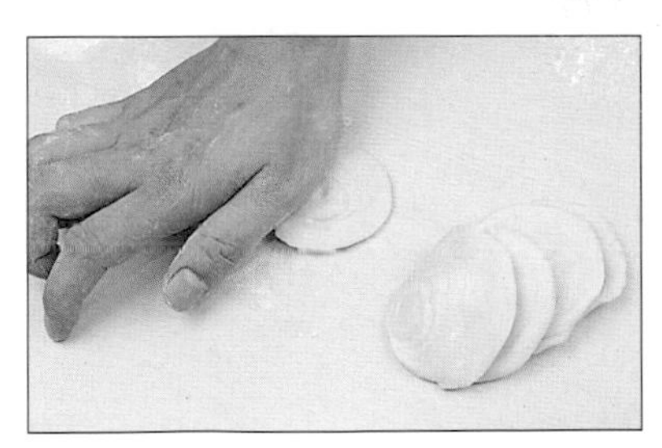

❻油酥皮斷面朝下，用手稍微壓一下。

❼包上綠豆沙餡，用虎口將油酥皮周圍由外往內合緊。

❽油鍋先加熱後放入麵糰，以中火約120℃油炸約7～9分鐘，至表面呈金黃色即可。

【注意事項】

糖水與油炸麵絲拌合時，要注意溫度與時間的控制，時間過長或溫度過低糖會凝結，到時就無法成形。

【準備器具】

擀麵棍、鋼盆、量杯、橡膠刮刀、保鮮膜、量匙、濾網、竹筷、菜刀、木杓、鐵尺、平盤2個(長27cm×寬20cm×深5cm)。

【麵絲材料】每個40g，約16個

高筋麵粉……………………400g
蛋………………240g(約5個蛋)
水………………………………40g
泡打粉…………………………6g

【糖水材料】每個43g，約16個

砂糖…………………………300g
麥芽糖………………………300g
蜂蜜……………………………25g
水………………………………80g

【其他配料】

葡萄乾………………………少許

【油炸溫度】

大火(約160℃)炸約3～4分鐘。

沙．其．瑪

❶先備妥麵絲部份：高筋麵粉，蛋與泡打粉倒入鋼盆中。

❷加入水上下攪拌，鋼盆邊的麵粉要往中間拌。

❸攪拌成糰後，移至桌面進行搓揉之動作，搓揉至均勻即可。

❹麵糰蓋上保鮮膜，鬆弛約10分鐘。

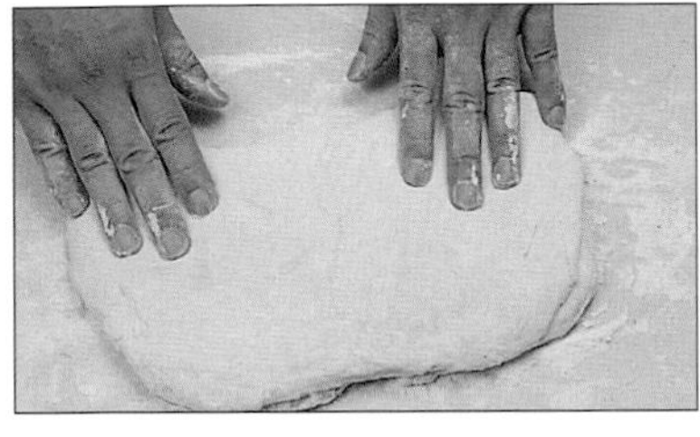

❺在工作台與麵糰上撒上些麵粉，以利操作。

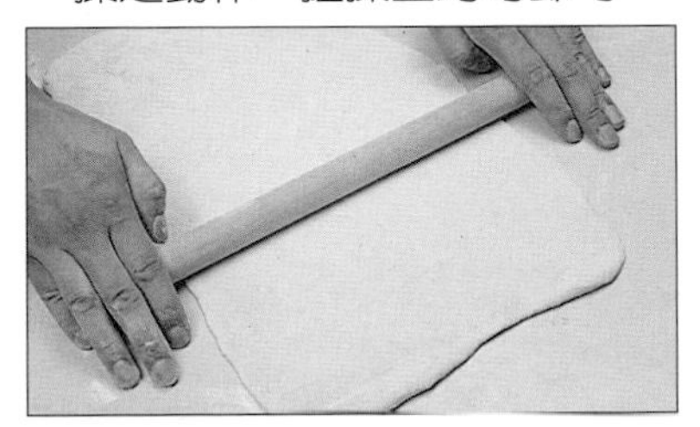

❻用擀麵棍由中間向外擀開，將麵糰擀成四方形。

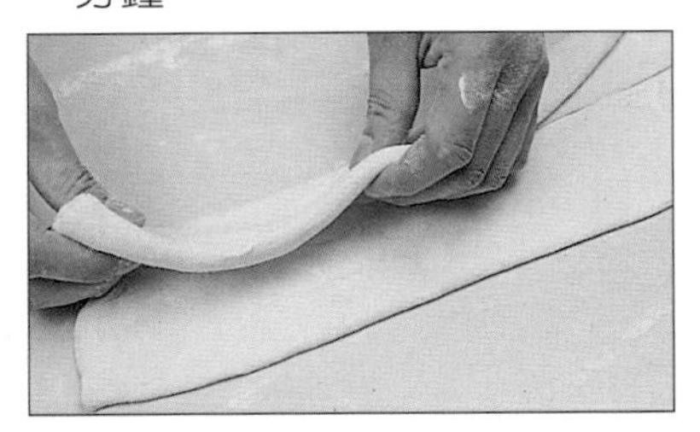

❼將擀開之麵糰略分成四等分，兩端之麵糰摺向中間再對摺一次。

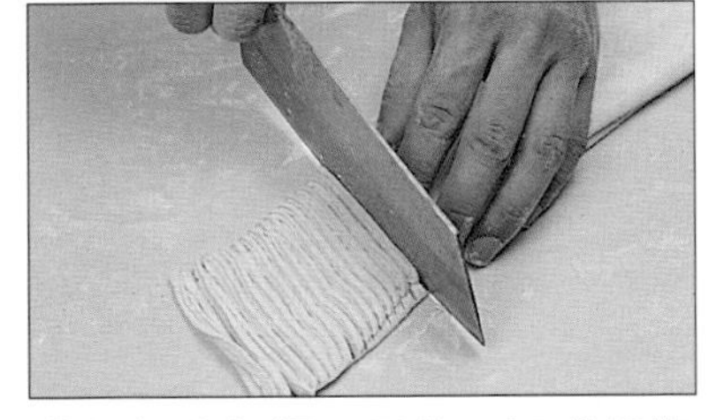

❽摺好之麵糰，用菜刀切成細條狀。

❾切好之麵絲，撒上些許麵粉，用手把麵絲上下抖動，防止麵絲黏在一起。

❿油鍋先加熱後放入適量麵絲，以大火油炸至表面呈金黃色即可待用。

⓫糖水部份：將砂糖、麥芽、蜂蜜與水倒入鋼盆中。

⓬用中火加熱，煮至黏稠，木杓拉起時會有絲狀產生。

⓭將葡萄乾與炸好之麵絲，倒入鋼盆中與糖水攪拌。

⓮攪拌均勻後立即倒入已上油之平盤中，分為兩盤，用手稍微壓平。

⓯待涼後，分割成所需之大小，再將完成之沙其瑪倒出即完成。

【注意事項】

酵母與水混合後，須待酵母完全溶解，方可加入麵粉中攪拌。

【準備器具】

擀麵棍、鋼盆、量杯、抹刀、橡膠刮刀、保鮮膜、打蛋器、鋸齒刀、小刀。

【皮的材料】每個50g，約17個

高筋麵粉⋯⋯500g
砂糖⋯⋯80g
水⋯⋯290g
酵母⋯⋯10g
鹽⋯⋯5g
蛋⋯⋯50g(約1個蛋)
酥油⋯⋯50g

【其他配料】每個43g，約16個

麵包粉(表面裝飾用)⋯⋯少許
火腿、滷蛋、生菜、小黃瓜、蕃茄、沙拉醬(夾層用)⋯⋯適量

【油炸溫度】

中火(約120℃炸約8～10分鐘。

營・養・三・明・治

❶酵母與水混合至酵母完全溶解。

❷備好高筋麵粉、砂糖、蛋與鹽，再倒入酵母水，攪拌成糰。

❸攪拌成糰後移至桌面，來回搓揉麵糰。

❹加入酥油繼續搓揉麵糰。

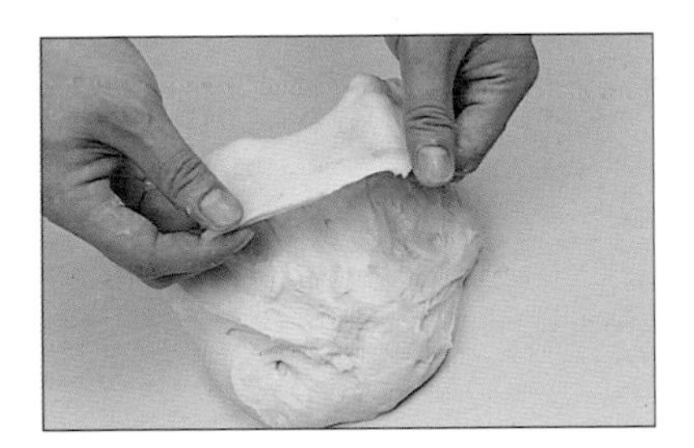

❺搓揉麵糰至麵糰表面光滑，將麵糰撐開可成薄膜狀。

❻麵糰放入鋼盆中，蓋上保鮮膜，醱酵30分鐘。

❼麵糰醱酵後之比較圖。面積膨脹約2～3倍大。用手戳入麵糰中，會留下手指空隙。

❽將醱酵完成之麵糰，分割成每個約60g大小，然後將麵糰滾圓。

❾蓋上保鮮膜，鬆弛約10分鐘。

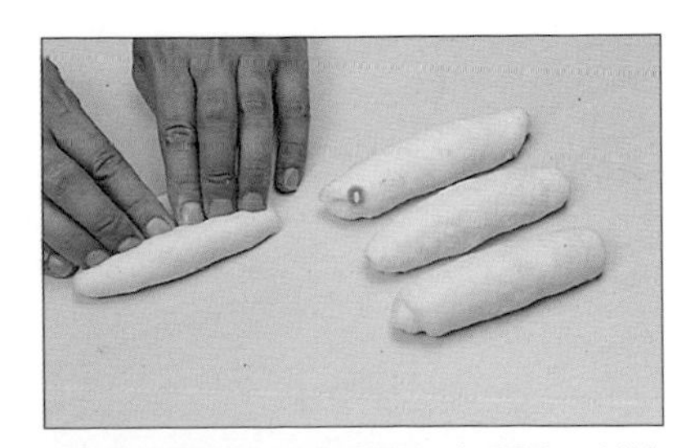

❿用擀麵棍將麵糰由中間向外擀開，由上至下將麵糰捲起，搓成長條。

⓫將麵糰四週沾上麵包粉，醱酵10分鐘後，以中火油炸約8～10分鐘，至表面呈金黃色。

⓬待麵包涼後再裝飾其他配料，或自己喜歡之材料。

【注意事項】月餅皮鬆弛1小時以上方可製作。鹹蛋黃烤好待用。

【準備器具】打蛋器、小刀、鋼盆、量杯、刮版、保鮮膜、1.5兩月餅模、毛刷、烤盤。

【烤焙溫度】
230℃ 烤約18~20分鐘。

【皮的材料】每個10g，約24個
低筋麵粉(A)100g、轉化糖漿76g、沙拉油30g、鹽0.5g、小蘇打0.4g、水2g、低筋麵粉(B)50g

【餡的材料】每個40g，約24個
蓮蓉餡960g、鹹蛋黃12個(對切)

【其他配料】
蛋黃適量(塗刷表面之用)。

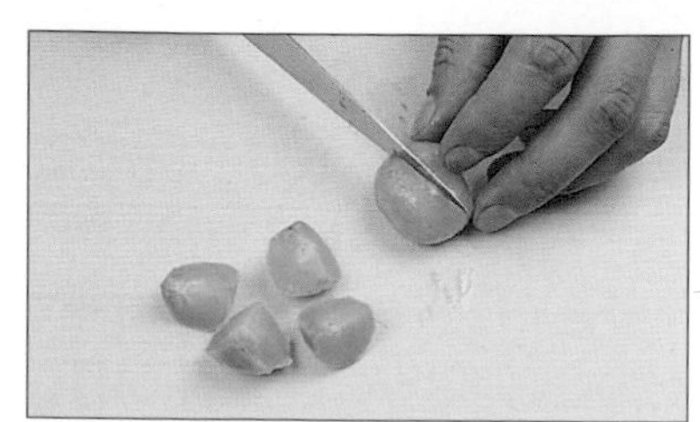

❶先將鹹蛋黃烤好待涼後，對半切待用 (烤法請參照85頁❶)。

❷轉化糖漿與沙拉油混合攪拌。

廣・式・月・餅

❸先將鹽、小蘇打溶於水後，加入轉化糖漿內拌勻。

❹倒入低筋麵粉(A)攪拌。

❺攪拌均勻後，蓋上保鮮膜鬆弛1小時待用。

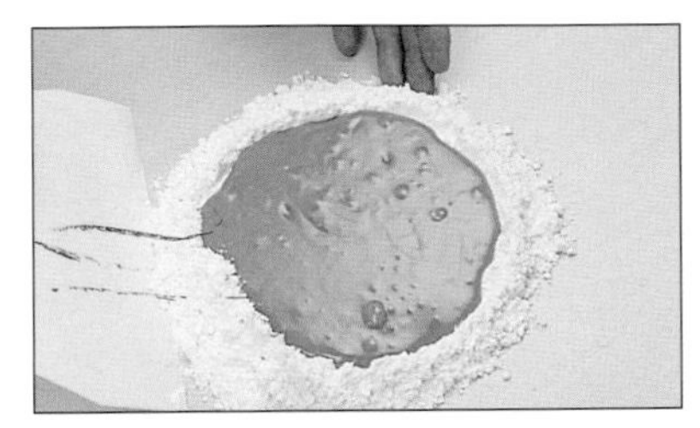

❻把低筋麵粉(B)圍成一粉牆，鬆弛後之月餅皮倒入粉牆中。

❼將麵粉充分拌勻成糰狀。

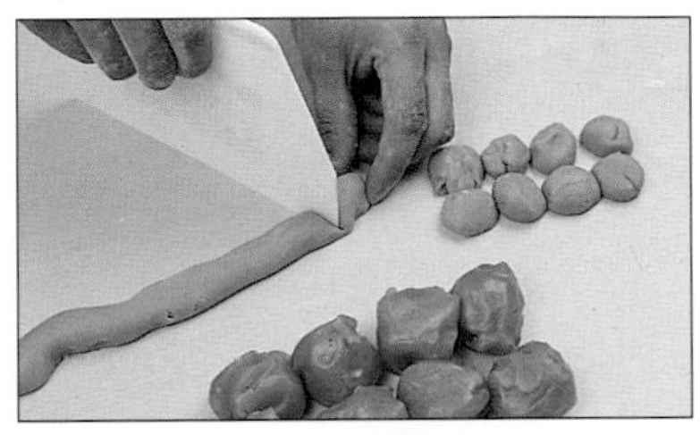

❽將蓮蓉餡分割成每個40g，月餅皮分割成每個10g重。

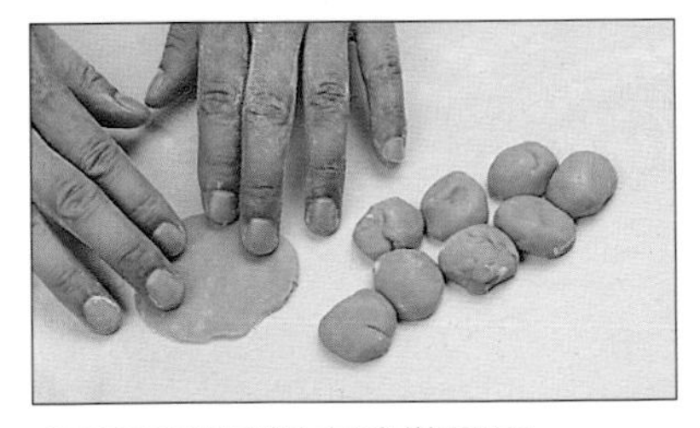

❾用手將月餅皮稍微壓平。

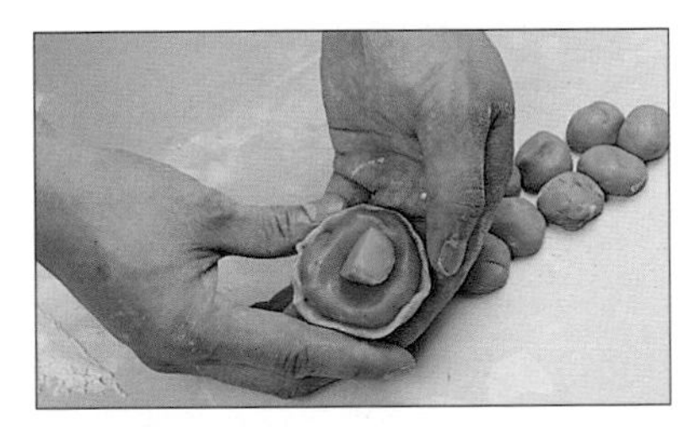

❿將蓮蓉餡與蛋黃置於皮之中央。

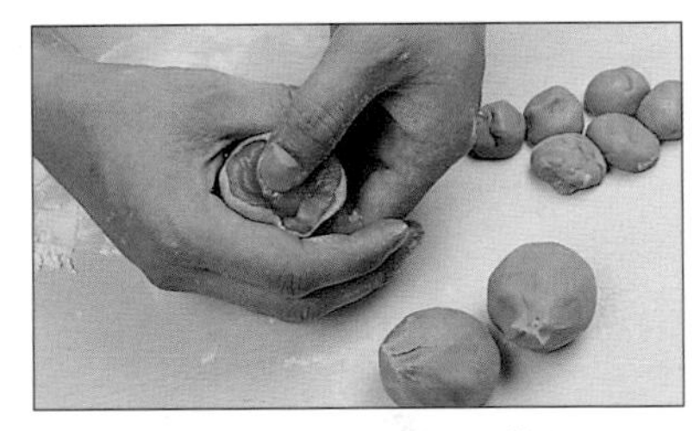

⓫用虎口將月餅皮慢慢收緊。

⓬將包好餡之月餅沾上少許麵粉。

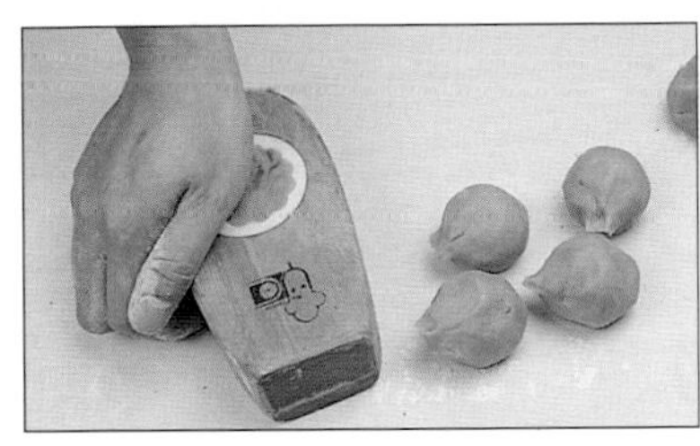

⓭放入月餅模中，用手將月餅壓緊。

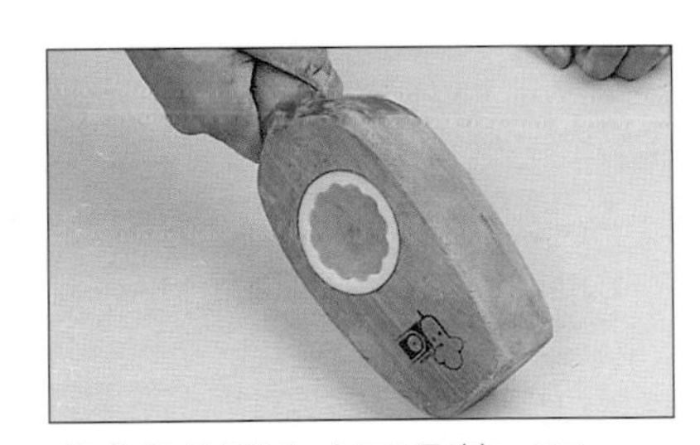

⓮拿起餅模向右下角敲一下。

⓯再向左下角敲一下 (左右敲餅模可易於月餅脫模)。

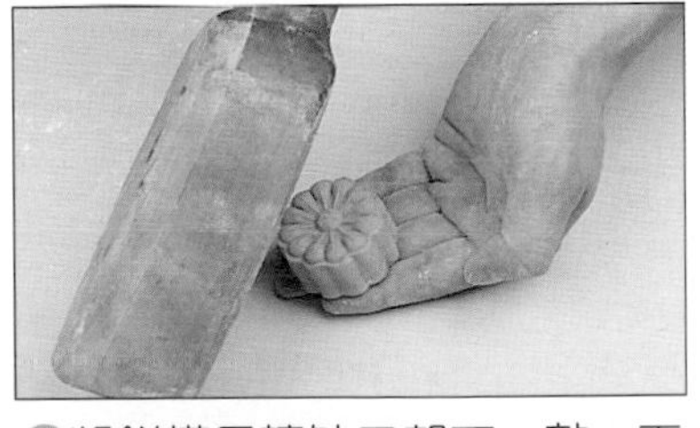

⓰將餅模反轉缺口朝下，敲一下同時用左手置於缺口處，接住脫模之月餅。

⓱刷上蛋黃，以230℃烤焙約18～20分鐘。

【注意事項】
月餅皮需鬆弛30分鐘以上方可製作。鹹蛋黃先烤好待用。

【準備器具】
打蛋器、小刀、鋼盆、量杯、刮版、保鮮膜、1.5兩月餅模、毛刷、烤盤。

【皮的材料】每個15g，約38個
低筋麵粉(A)……………………34g
麥芽……………………………34g
奶油……………………………34g
沙拉油…………………………11g
糖粉……………………………90g
泡打粉…………………………1.5g
小蘇打粉………………………1.5g
奶粉……………………………34g
蛋…………………90g(約2個蛋)
低筋麵粉(B)………………250g

【餡的材料】每個35g，約38個
白豆沙餡…………………1330g
鹹蛋黃……………19個(對半切)

【其他配料】
蛋黃(塗刷表面之用)………適量

【烤焙溫度】
210℃烤約16～18分鐘。

台・式・月・餅

❶先將沙拉油與麥芽稍微攪拌。

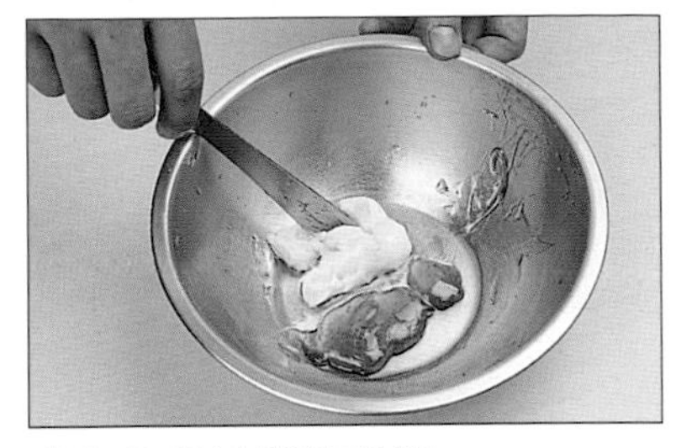

❷加入奶油繼續攪拌。

❸將糖粉、小蘇打粉加入鋼盆中攪拌。

❹加入蛋慢慢攪拌均匀。

❺倒入奶粉攪拌。

❻低筋麵粉(A)與泡打粉一併加入，攪拌均匀後，鬆弛約30分鐘。

❼把低筋麵粉(B)圍成一粉牆，將鬆弛後之月餅皮倒入粉牆中，與麵粉混合。

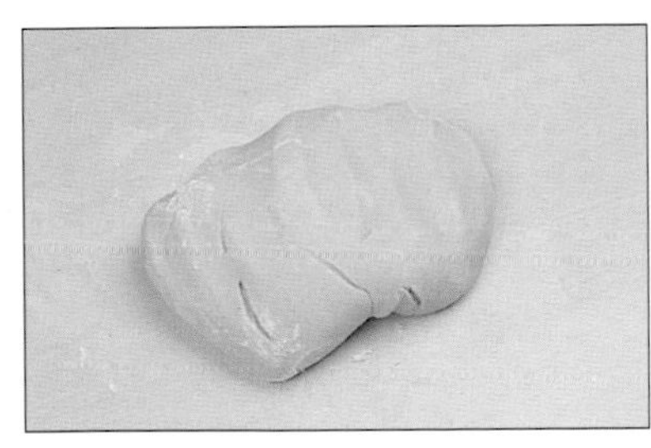

❽將麵粉充分拌匀成糰狀。

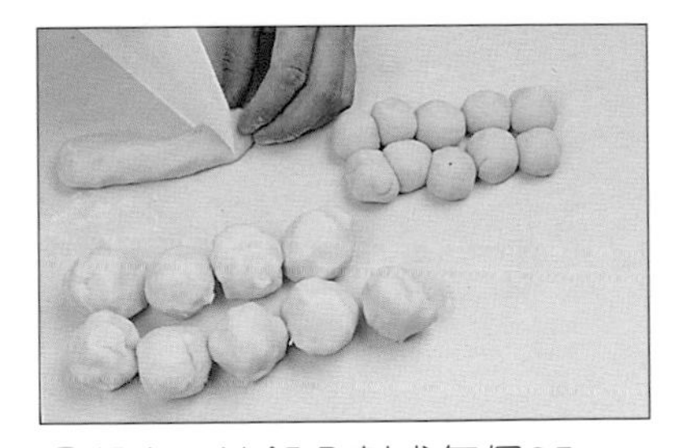

❾將白豆沙餡分割成每個35g，月餅皮分割成每個15g重。

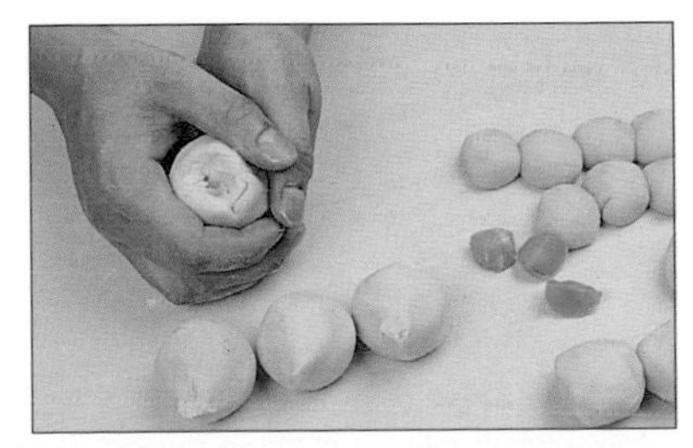

❿將白豆沙餡與蛋黃置於麵皮中央，用虎口將月餅皮慢慢收緊(月餅整形作法請參照77頁❿～⓰)。

⓫均匀的刷上蛋黃，以210℃烤焙約16～18分鐘。

【注意事項】
鳳梨酥之烤法要注意的是，需烤焙麵糰雙面。

【準備器具】
鋼盆、抹刀、橡膠刮刀、打蛋器、烤盤、鳳梨酥模、噴水器、剪刀。

【皮的材料】每個30g，約21個
低筋麵粉……………………300g
奶油…………………………150g
糖粉…………………………100g
蛋…………………60g(約1個蛋)
鹽………………………………3g
奶粉…………………………20g

【餡的材料】每個20g，約21個
鳳梨餡……………………420g

【其他配料】
胚芽粉(表面裝飾用)……適量

【烤焙溫度】
210℃烤約16～18分鐘。

鳳・梨・酥

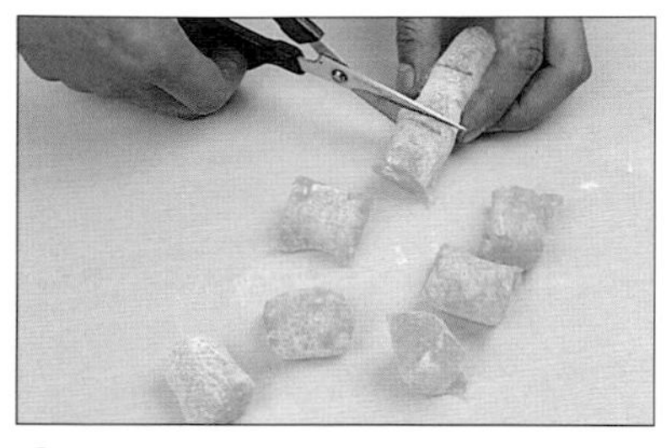

❶先備妥餡料部份：將鳳梨餡搓成長條，用剪刀分割成每個20g待用。

❷奶油加入糖粉與鹽，用打蛋器攪拌均勻。

❸加入蛋攪拌均勻。

❹倒入低筋麵粉與奶粉，用刮刀稍微攪拌。

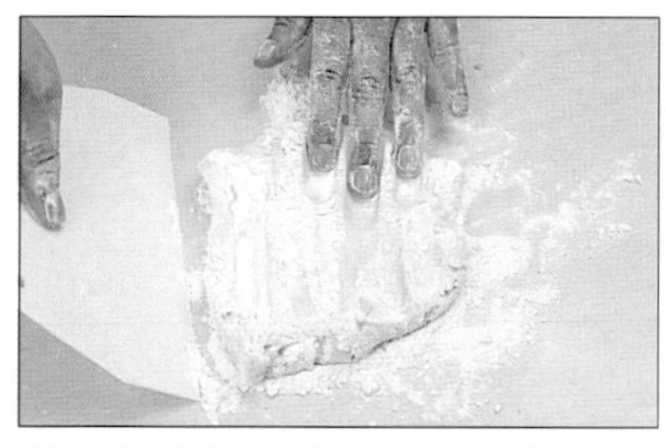

❺將麵糰倒至桌面，手與塑膠刮刀交互使用，將麵糰拌至均勻。

❻將拌勻麵糰分割成每個30g，再包上事先備好之鳳梨餡，用虎口將麵皮慢慢包緊。

❼在包好餡之麵糰上，噴上些許水。

❽將麵糰半邊沾上胚芽粉，作為裝飾。

❾放入鳳梨酥模中，用手掌將麵糰壓入模具內。

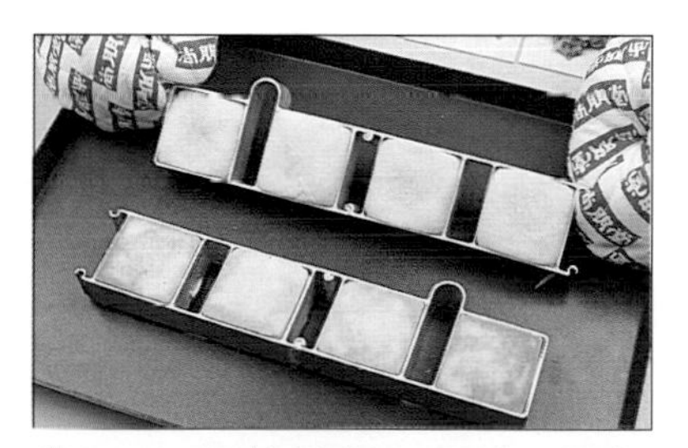

❿以210℃烤焙約10分鐘，將麵糰與模具一起做翻面的動作，再烤 6～8分鐘。

藍・莓・酥

【注意事項】

藍莓酥之烤法要注意的是需烤焙麵糰的兩面。

【準備器具】

鋼盆、抹刀、橡膠刮刀、打蛋器、烤盤、鳳梨酥模、剪刀。

【皮的材料】每個30g，約21個

低筋麵粉……………………300g
奶油…………………………150g
糖粉…………………………100g
蛋………………………60g(約1個蛋)
鹽………………………………3g
奶粉……………………………20g

【餡的材料】每個20g，約21個

藍莓餡………………………420g

【烤焙溫度】

210℃烤約16～18分鐘。

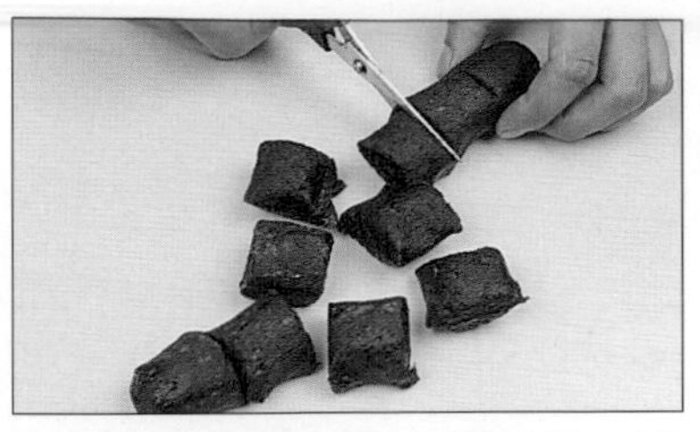

❶先備妥餡料部份：將藍莓餡搓成長條，用剪刀分割成每個20g待用。

❷將鳳梨酥皮備好(鳳梨酥皮作法請參照81頁❷～❺)。

❸包上事先備好之藍莓餡，用虎口將麵皮慢慢包緊。

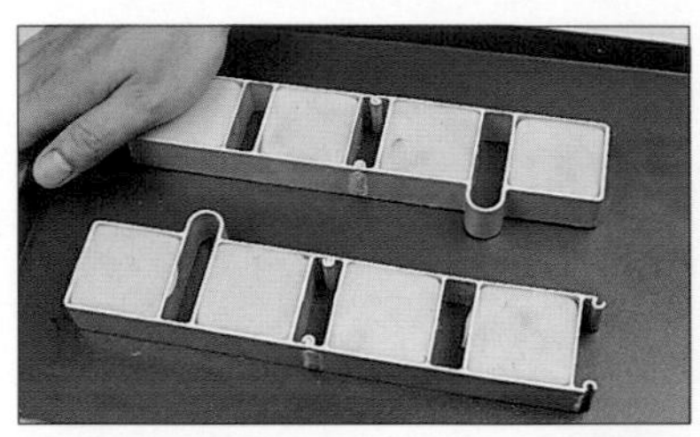

❹放入鳳梨酥模中，用手掌將麵糰壓入模具內。，以210℃烤焙約10分鐘，將麵糰與模具一起做翻面的動作，再烤6～8分鐘。

綠・豆・凸

【注意事項】
由於本配方糖份較少，烘烤時表面不易上色，屬正常現象。

【準備器具】
烤箱、擀麵棍、鋼盆、量杯、橡膠刮刀、保鮮膜、烤盤、小印章。

【皮的材料】每個30g，約20個
高筋麵粉150g、低筋麵粉 150g、酥油100g、糖粉35g、水150g。

【油酥材料】每個10g，約20個
低筋麵粉150g、酥油60g。

【餡的材料】每個40g，約20個
綠豆沙800g。

【其他配料】
紅色素(表面裝飾用)適量
肉鬆(包內餡用)少許

【烤焙溫度】
180℃烤約25～28分鐘。

❶將已擀開之油酥皮包上綠豆沙餡，再加入肉鬆，用虎口壓住油酥皮周圍，由外往內包緊(油酥皮作法請參照42、43頁❶～⓱)。

❷蓋上印章後放入烤盤，以180℃烘烤約25～28分鐘。

【注意事項】
油皮在包入豆沙時，接合處需捏緊，否則烘烤時底部較易爆開。

【準備器具】
烤箱、擀麵棍、鋼盆、量杯、橡膠刮刀、保鮮膜、噴水器、毛刷、塑膠刮版、烤盤。

【皮的材料】每個15g約20個
高筋麵粉……75g
低筋麵粉……75g
酥油……55g
糖粉……30g
水……70g

【油酥材料】每個15g，約20個
低筋麵粉……220g
酥油……85g

【餡的材料】每個20g，約20個
烏豆沙……400g

【其他配料】
鹹蛋黃(包內餡用)……20個
米酒(噴鹹蛋黃用)……少許
黑芝麻(表面裝飾用)……少許

【烤焙溫度】
230℃約烤16～18分鐘。

蛋・黃・酥

❶先準備鹹蛋黃，以190℃烘烤7分鐘，約七分熟，噴上少許米酒待用。

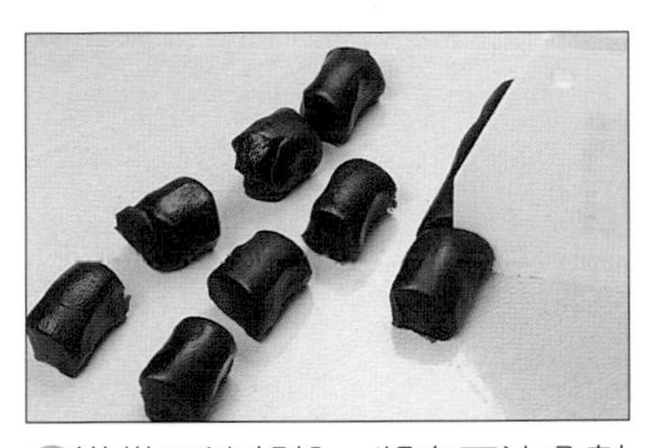

❷準備豆沙部份，將烏豆沙分割成每個20g待用。

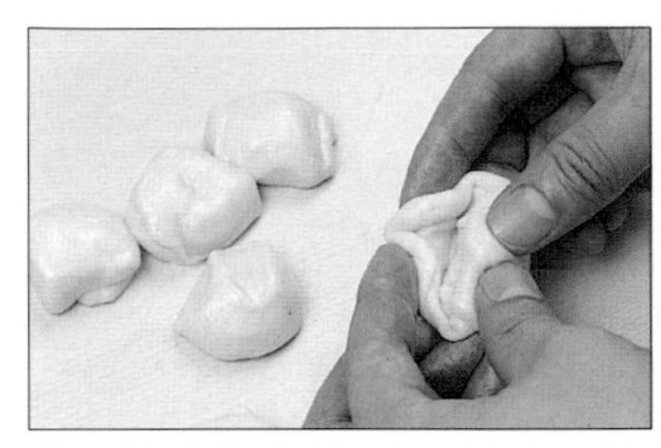

❸將油皮包上油酥，(油皮、油酥作法請參照42頁❶～❾)。

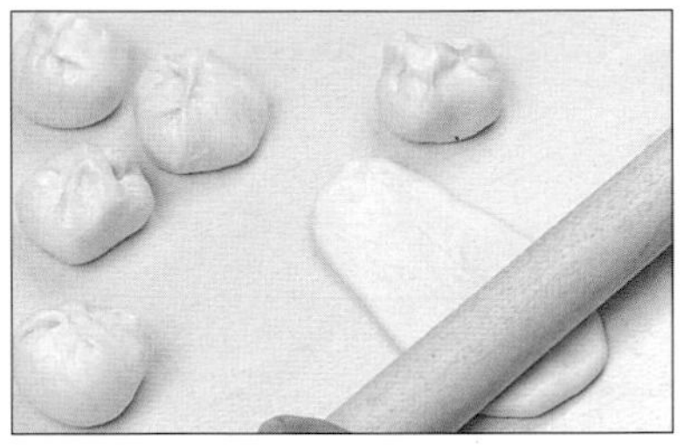

❹包好之油酥皮由中間向外擀開。

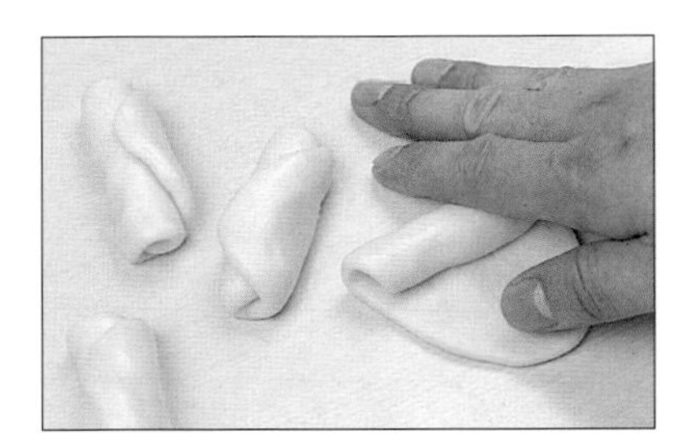

❺油酥皮由上往下捲起。

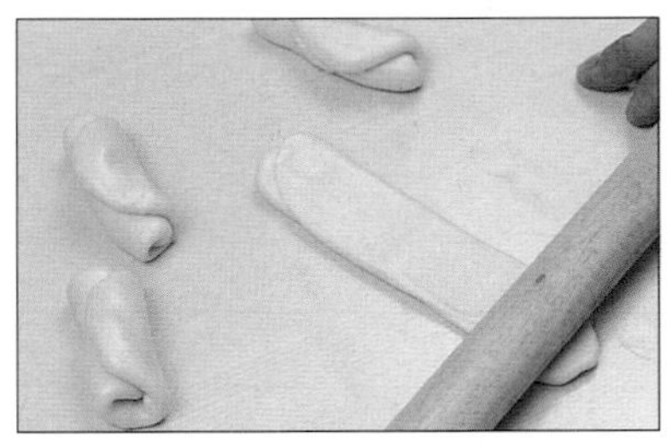

❻換另一方向，再重複一次擀平之動作。

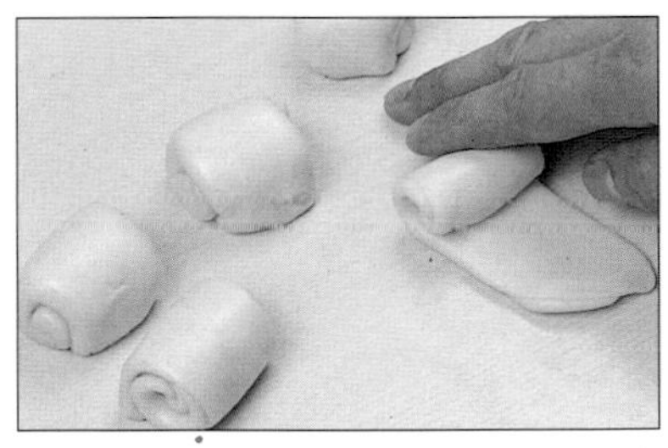

❼再將油酥皮由上往下捲起，蓋上保鮮膜，鬆弛約10分鐘。

❽將包好之油酥油皮由中間向外擀開。

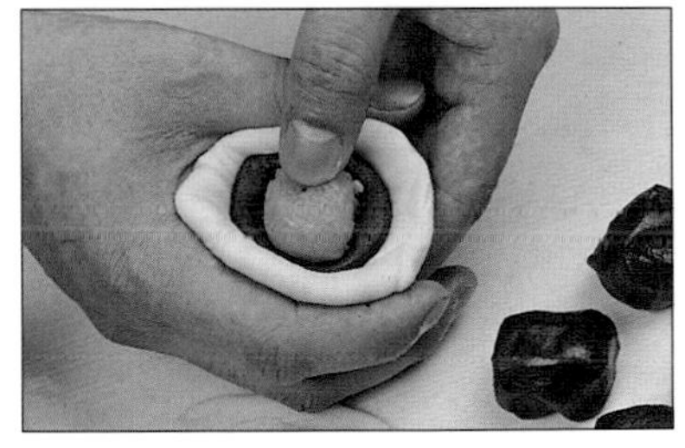

❾包上事先備好之烏豆沙餡，再包入蛋黃，用虎口將油酥皮邊緣慢慢向內收緊。

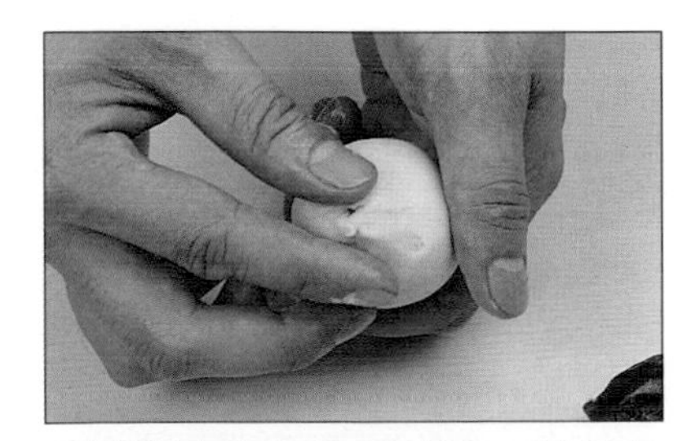

❿油酥皮在包入豆沙時，接合處需捏緊，否則烘烤時底部較易爆開。

⓫均勻的刷上蛋黃，裝飾上芝麻，以230℃烤焙約16～18分鐘。

豆・沙・餡・餅

【注意事項】
豆沙餡餅之烤法，需翻烤兩面，表面才會有焦黃之顏色。

【準備器具】
烤箱、擀麵棍、鋼盆、量杯、抹刀、橡膠刮刀、保鮮膜、小刀。

【皮的材料】每個15g，約20個
高筋麵粉……………………75g
低筋麵粉……………………75g
酥油…………………………55g
糖粉…………………………30g
水……………………………70g

【油酥材料】每個10g，約20個
低筋麵粉……………………150g
酥油…………………………60g

【餡的材料】每個20g，約20個
白豆沙………………………400g

【其他配料】
紅色素(表面裝飾用)………適量

【烤焙溫度】
210℃烤約16～18分鐘。

❶將拌好的油皮分割成每個15g，油酥分割成每個10g (作法請參照42頁❶～❾)。

❷用分割好的油皮將油酥包起來。

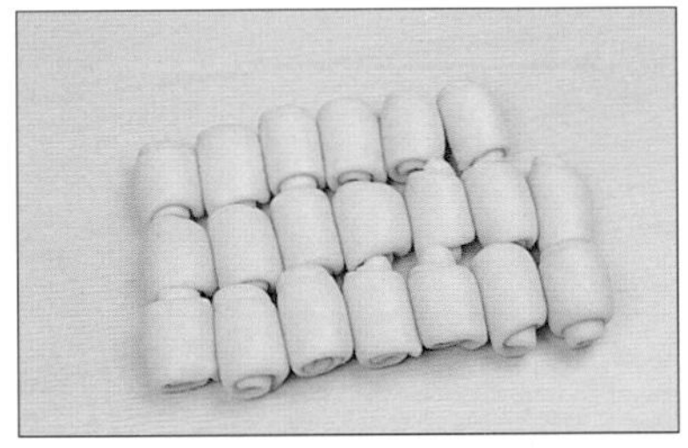

❸做成油酥皮(油酥皮作法請參照43頁⓭～⓱)。

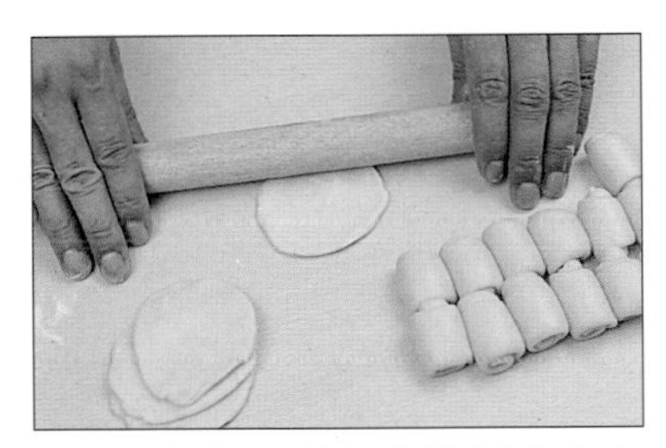

❹用擀麵棍將捲起之油酥皮由中向外擀開，成圓形。

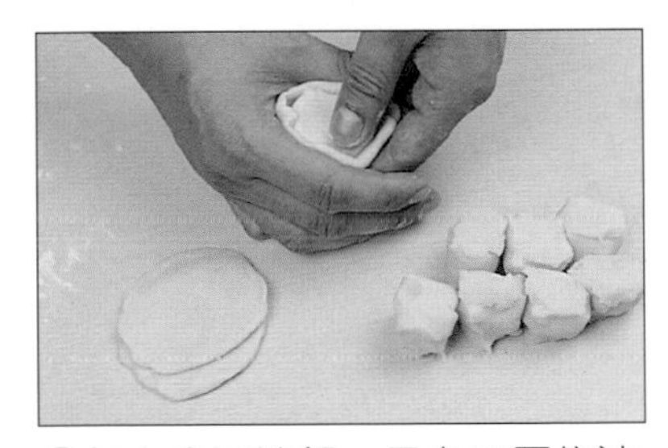

❺包上白豆沙餡，用虎口壓住油酥皮周圍，由外往內包緊。

❻麵糰由外往內包緊後，再將麵糰稍微壓扁。

❼用竹筷沾上少許紅色素，點在麵皮表面，作為裝飾。

❽烘烤時麵糰接合處先朝上，先烤8分後作翻面的動作，再烤8～10分鐘。

咖・哩・餅

【注意事項】

咖哩餅之烤法，需翻烤兩面，表皮會較完整。

【準備器具】

烤箱、擀麵棍、鋼盆、量杯、橡膠刮刀、保鮮膜、烤盤、平底鍋、木杓、小湯匙、毛刷。

【皮的材料】每個30g，約20個

高筋麵粉……………………150g
低筋麵粉……………………150g
酥油…………………………100g
糖粉……………………………50g
水……………………………150g

【油酥材料】每個15g，約20個

低筋麵粉……………………220g
酥油……………………………85g
咖哩粉…………………………7g

【餡的材料】每個35g，約20個

奶油豆沙……………………700g

【咖哩肉材料】每個10g，約20個

絞肉…………………………200g
油蔥酥…………………………10g
咖哩粉…………………………3g
鹽………………………………3g
砂糖……………………………6g

【其他配料】

香菜葉(表面裝飾用)………適量
蛋黃(塗刷表面用)…………適量

【烤焙溫度】

180℃烤約25~28分鐘。

❶先備妥餡的部份：將絞肉炒熟，再放入油蔥酥、砂糖、鹽、咖哩粉等材料炒勻待用。

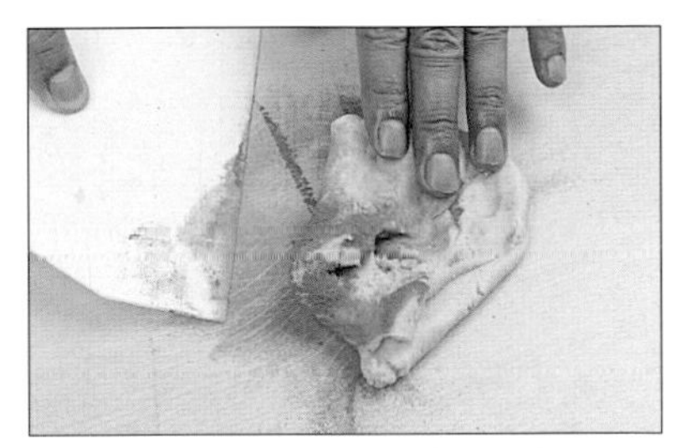

❷將拌好之油酥，加入咖哩粉拌勻(油酥、油皮作法請參照42頁❶～❾)。

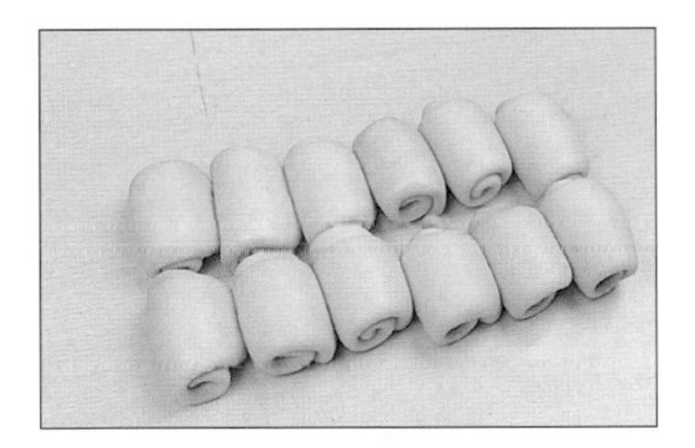

❸包好之油酥皮，由中間向外擀開(油酥皮作法參照43頁❿～⓱)。

❹在奶油豆沙餡中間挖個小洞，裝上少許咖哩肉。

❺包上奶油豆沙餡，用虎口壓住油酥皮周圍，由外往內將油酥皮包緊。

❻烘烤時麵糰接合處朝上，先烤10分後作翻面的動作。

❼翻面後刷上蛋汁，沾上香菜葉，再烤15～18分鐘。

芋·頭·酥

【注意事項】
在第一次壓麵時，麵糰越長，所產生的花紋就會越多圈。

【準備器具】
烤箱、烤盤、擀麵棍、鋼盆、量杯、橡膠刮刀、保鮮膜、小刀。

【皮的材料】每個15g，約20個
高筋麵粉……………………75g
低筋麵粉……………………75g
酥油…………………………55g
糖粉…………………………35g
水……………………………70g

【油酥材料】每個15g，約20個
低筋麵粉…………………220g
酥油…………………………85g
芋頭醬香料…………………少許

【餡的材料】每個30g，約20個
芋頭豆沙…………………600g

【烤焙溫度】
210℃烤約16～18分鐘。

❶油酥備好加芋頭醬拌勻(油酥作法參照42頁❼～❾)。

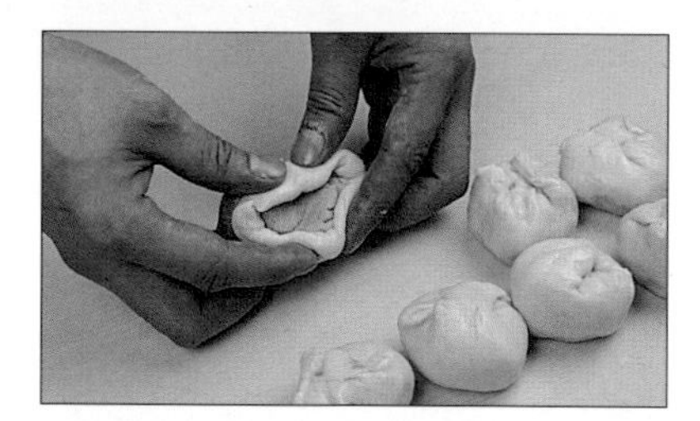

❷油皮30g包上油酥30g，(油皮作法參照42頁❶～❻)。

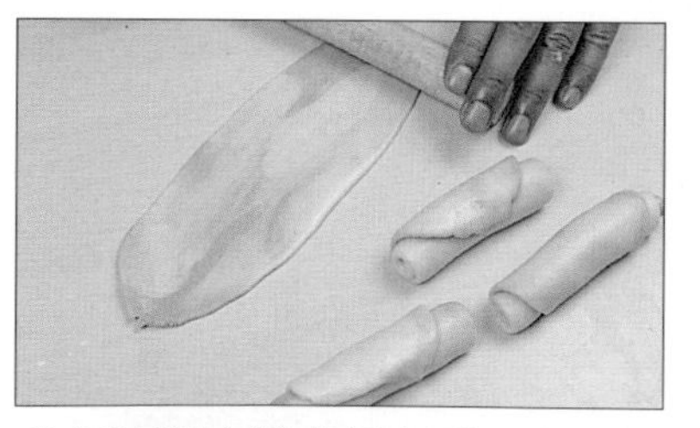

❸把油酥皮擀成長方形，由上至下把油皮捲起。

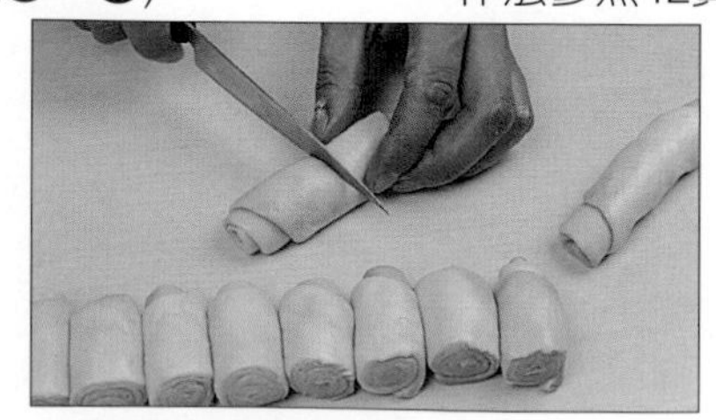

❹捲起之油酥皮對切放置好，蓋上保鮮膜待用。

❺油酥皮斷面朝下，用手稍微壓一下，包上芋頭豆沙餡，用虎口將油皮周圍由外往內合緊，以210℃烤焙約16～18分鐘。

紅・糖・發・糕

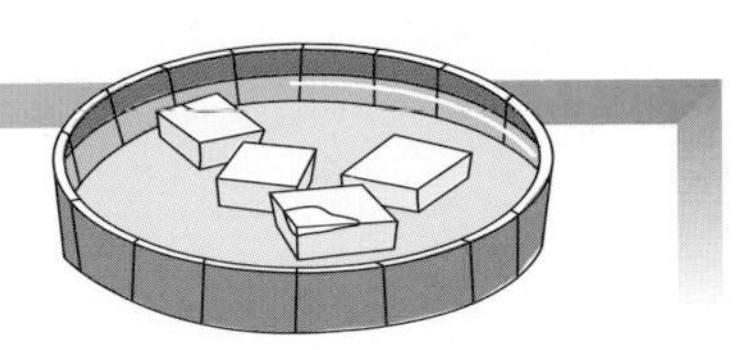

【注意事項】
紅糖亦可用其他糖來代替，但蒸出之成品顏色會不一樣。中空模套上紙杯待用。

【準備器具】
鋼盆、量杯、橡膠刮刀、打蛋器、圓形中空模、小紙杯、小湯匙、蒸籠。

【準備材料】每個55g，約12個
砂糖……40g
蛋……50g(約1個蛋)
鹽……1g
水……215g
紅糖……60g
低筋麵粉……300g
泡打粉……10g
起泡劑(S.P)……15g

【蒸的溫度】
用大火蒸約10～12分鐘。

❶砂糖、蛋、鹽攪拌至砂糖溶解待用。

❷水與紅糖攪拌至紅糖溶解。

❸把拌勻之砂糖、蛋、鹽倒入攪拌。

❹加入低筋麵粉、泡打粉攪拌均勻。

❺隨後加入起泡劑(S.P)攪拌均勻。

❻用小湯匙將麵糊倒入事先備好的紙杯中，用大火蒸約10～12分鐘。

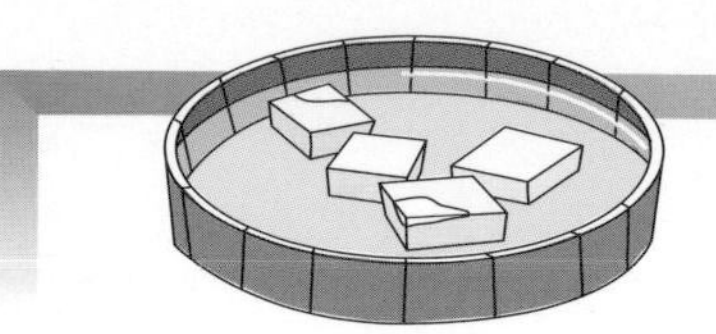

馬·來·糕

【注意事項】

中空模(18公分正四方)周圍黏上邊紙待用。

【準備器具】

鋼盆、量杯、橡膠刮刀、手提式打蛋器、方形中空模、蒸籠、塑膠刮版、小湯匙。

【準備材料】每個55g，約6個

砂糖……90g
蛋……100g(約2個蛋)
奶水……20g
低筋麵粉……90g
奶粉……10g
沙拉油……20g
泡打粉……6g
起泡劑(S.P)……5g

【蒸的溫度】

用中火蒸約16～18分鐘。

❶砂糖、蛋先攪拌打發，約2～3分鐘。

❷加入起泡劑(S.P)打發，至麵糊成稠狀，顏色較先前白。

❸倒入低筋麵粉、奶粉與泡打粉攪拌。

❹慢慢加入奶水。

❺待均勻後，再加入沙拉油拌勻。

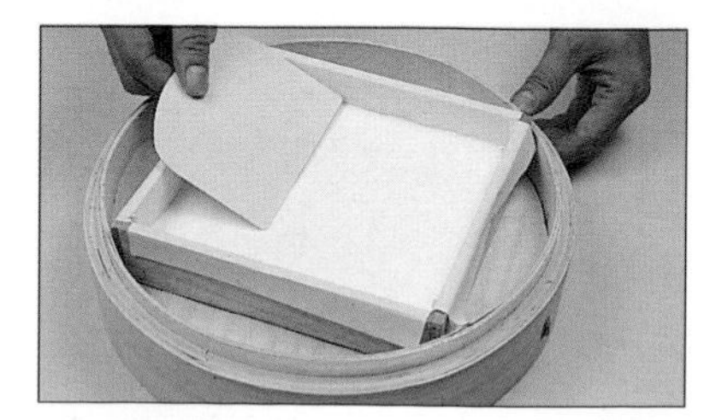

❻將麵糊倒入事先備好的模具中，把表面刮平，用中火蒸約16～18分鐘。

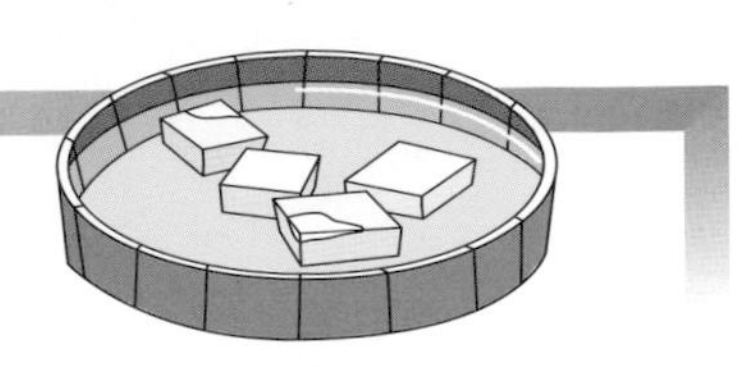

珍・珠・丸

【注意事項】
長糯米在使用前，先泡水30分鐘後再瀝乾。

【準備器具】
鋼盆、橡膠刮刀、紗布或白報紙、蒸籠。

【皮的材料】
長糯米150g。

【餡的材料】每個27g約15~16個
絞肉300g、火腿丁60g、芝麻油15g、醬油15g、鹽2g、砂糖2g、胡椒粉2g、太白粉10g。

【蒸的溫度】
用中火蒸約22～25分鐘。

❶備妥餡料部份：絞肉、火腿丁、芝麻油、醬油、鹽、砂糖、胡椒粉、太白粉備齊。

❷將所有材料依序拌入，攪拌均勻。

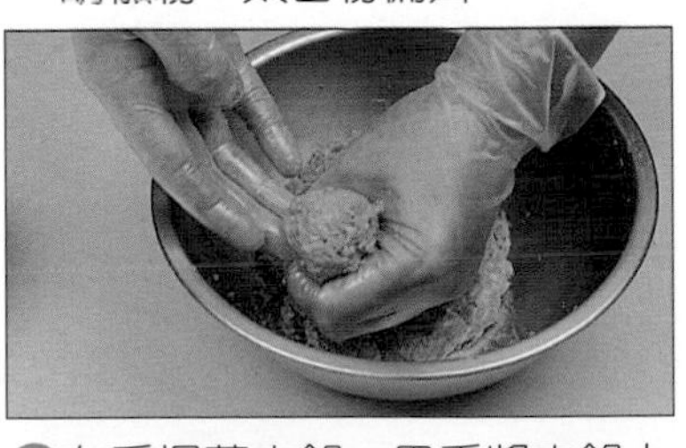

❸左手握著肉餡，用手將肉餡由下往上推擠成肉球，再用右手把肉糰取下。

❹均勻的沾上已泡過水之長糯米，再放入蒸籠，用中火蒸約22～25分鐘。

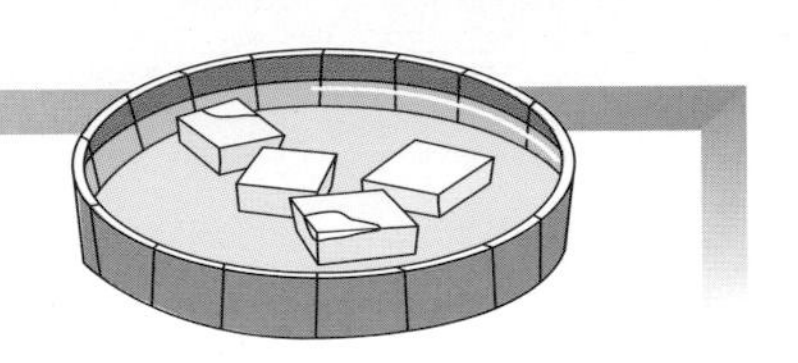

麻・薯

【注意事項】

攪拌完成之麻薯糰很黏手，可在桌面鋪上塑膠紙、戴上塑膠手套與抹些沙拉油。

【準備器具】

鋼盆、量杯、橡膠刮刀、塑膠刮版、蒸籠、擀麵棍、手提式打蛋器。

【皮的材料】每個25g，約24個

水……………………………200g
生糯米粉……………………150g
砂糖…………………………150g
沙拉油…………………………70g

【餡的材料】每個15g，約24個

烏豆沙………………………360g

【其他配料】

椰子粉(表面裝飾用)………適量
玉米粉(表面裝飾用)………適量
花生粉(表面裝飾用)………適量
白芝麻、黑芝麻(需烤熟，表面裝飾用)…………………………適量

【蒸的溫度】

以大火蒸約20～25分鐘。

❶水與生糯米粉拌勻成糰狀。

❷放入碗中用蒸籠，以大火蒸約20～25分鐘。

❸倒入鋼盆內加入砂糖拌至砂糖溶解。

❹加入沙拉油用擀麵棍攪拌，攪拌至沙拉油完全融入麵糰中。

❺或可用手提式打蛋器攪拌，情形與上一動作相同。

❻桌面鋪上塑膠紙，戴上塑膠手套，將麵糰分割成每個25g。

❼包上自己喜歡的餡料，並裝飾上椰子粉、花生粉或其他材料。

元．宵

【注意事項】
熟粉即低筋麵粉用烤箱烤成米黃色。

【準備器具】
鋼盆、量杯、橡膠刮刀、濾網、手提式打蛋器、平盤。

【皮的材料】
生糯米粉⋯⋯⋯⋯⋯⋯⋯300g

【餡的材料】每個10g，約36個
黑芝麻粉⋯⋯⋯⋯⋯⋯⋯⋯50g
生糯米粉⋯⋯⋯⋯⋯⋯⋯⋯65g
熟粉⋯⋯⋯⋯⋯⋯⋯⋯⋯⋯10g
糖粉⋯⋯⋯⋯⋯⋯⋯⋯⋯200g
麻油⋯⋯⋯⋯⋯⋯⋯⋯⋯⋯10g
沙拉油⋯⋯⋯⋯⋯⋯⋯⋯⋯25g
水⋯⋯⋯⋯⋯⋯⋯⋯⋯⋯⋯50g

【煮的溫度】
以大火煮約10～12分鐘，待元宵浮起即可。

❶先備妥餡料部份：黑芝麻粉、生糯米粉、熟粉、糖粉、麻油、沙拉油與水備妥。

❷將乾性材料拌勻，再加入沙拉油與麻油。

❸加入水攪拌均勻。

❹攪拌均勻之材料用手捏成糰，每個分成10g，再搓成圓形。

❺放入濾網將餡料沾上水，不要在水中太久。

❻均勻的滾上生糯米粉。

❼再放入水中，沾上水，滾上生糯米粉，約重複4～5次，即可下鍋烹煮。

蘿·蔔·糕

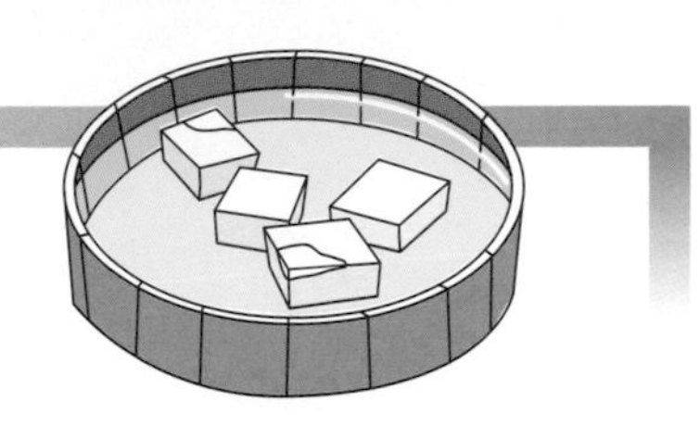

【注意事項】

8吋中空模鋪上年糕紙，放入蒸籠待用。

【準備器具】

鋼盆、量杯、橡膠刮刀、8吋中空模、蒸籠、塑膠刮版、木杓、平底鍋、年糕紙。

【準備材料】8吋中空模1個

再來米粉……500g
水……330g
熱開水……1100g
蘿蔔絲……300g

【餡的材料】

絞肉……100g
蝦米……30g
蝦皮……10g
油蔥酥……10g
砂糖……20g
鹽……10g
醬油……3g

【蒸的溫度】

用大火蒸約45～55分鐘。

❶先備妥餡料部份：絞肉、蝦米、蝦皮、油蔥酥、砂糖、鹽、醬油等材料備好。

❷絞肉炒熟後依序加入其他材料與調味料待用。

❸將蘿蔔絲與熱開水一起煮開。

❹把水倒入再來米粉中。

❺攪拌均勻後水會成糊狀。

❻倒入炒好之餡料拌勻。

❼加入已煮開的蘿蔔絲與熱開水攪拌。

❽稍微加熱，用木杓攪拌至黏稠狀。

❾倒入事先備好的容器中，用大火蒸約45～55分鐘。

芋・頭・糕

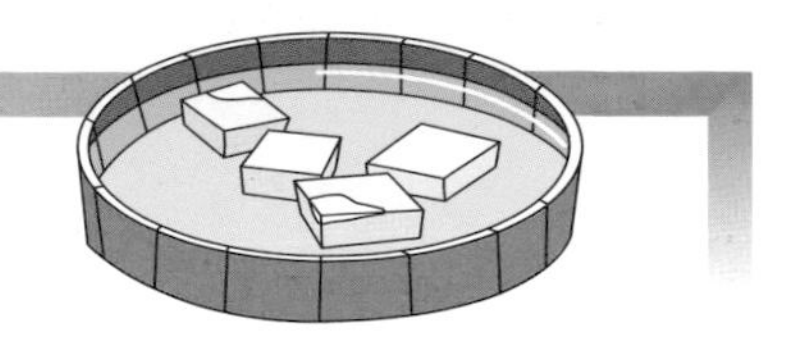

【注意事項】
8吋中空模鋪上年糕紙，放入蒸籠待用。

【準備器具】
鋼盆、量杯、橡膠刮刀、8吋中空模、蒸籠、塑膠刮版、木杓、平底鍋、年糕紙。

【準備材料】 8吋中空模1個
再來米粉……………………350g
橙粉…………………………250g
太白粉………………………30g
水……………………………500g
熱開水………………………700g
芝麻油………………………60g
沙拉油………………………140g
砂糖…………………………20g
鹽……………………………10g

【餡的材料】
芋頭絲………………………400g

【其他配料】
油蔥酥(表面裝飾用)………適量

【蒸的溫度】
用大火蒸約65～70分鐘。

❶先備妥芋頭部份：將芋頭去皮後，刨成絲，炒熟或油炸後待用。

❷再來米粉、橙粉、太白粉，先稍微攪拌，再倒入水攪拌。

❸加入砂糖與鹽拌勻。

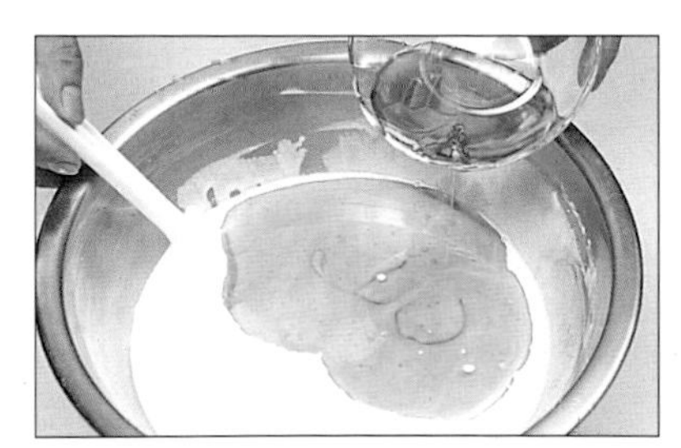

❹倒入芝麻油、沙拉油攪拌均勻。

❺將熱開水加入慢慢攪拌。

❻稍微加熱，用刮刀攪拌至黏稠狀。

❼倒入事先備好的容器中，撒上油蔥酥，用大火蒸約65～70分鐘。

美・式・鬆・餅

【注意事項】

美式鬆餅煎烤完成時，鬆餅機邊緣會有水蒸氣冒出，此即表示鬆餅已熟。

【準備器具】

鋼盆、量杯、橡膠刮刀、打蛋器、湯瓢、鬆餅機。

【準備材料】每個55g，約12個

蛋200g(約4個蛋)、沙拉油40g、蜂蜜35g、鮮奶(A)120g、糖粉90g、低筋麵粉200g、泡打粉10g、鮮奶(B)100g、香草粉1g

【煎烤溫度】

約2～4分鐘。

❶蛋、沙拉油、蜂蜜與鮮奶(A)先拌勻。

❷加糖粉、低筋麵粉、泡打粉、香草粉用打蛋器攪拌均勻。

❸再加入鮮奶(B)拌勻即可。

❹鬆餅機先加熱，用湯瓢倒入適量之麵糊，待鬆餅機邊緣有水蒸氣冒出，即表示鬆餅已熟。

銅・鑼・燒

【注意事項】
煎皮時需使用不沾黏之平底鍋較為恰當。

【準備器具】
鋼盆、量杯、橡膠刮刀、打蛋器、平底鍋鏟、平底鍋、抹刀、小湯匙。

【皮的材料】每組40g，約21組
蛋··················250g(約5個蛋)
砂糖··························200g
水····························100g
蜂蜜···························50g
小蘇打粉························5g
低筋麵粉······················250g

【餡的材料】每組30g，約21組
紅豆餡························620g

【煎烤溫度】
用小火煎約2～3分鐘。

❶將蛋，砂糖與小蘇打粉攪拌均勻。

❷加入蜂蜜與水，攪拌至砂糖完全溶解。

❸倒入低筋麵粉攪拌均勻。

❹平底鍋先加熱，倒入適量之麵糊水，以小火來煎，約1分鐘。

❺受熱之麵糰上會有泡泡產生，此時可用平底鍋鏟將麵糰翻面，再煎1～2分鐘即可。

❻待皮涼後，夾上適量之豆沙餡即完成。

【注意事項】
煎皮時需使用不沾黏之平底鍋較為恰當。

【準備器具】
鋼盆、量杯、橡膠刮刀、打蛋器、湯瓢、平底鍋、抹刀。

【皮的材料】每個65g，約8～9個
蛋100g(約2個蛋)、奶油50g、砂糖20g、水150g、鮮奶 100g、低筋麵粉110g。

【餡的材料】每個50g約8～9個
鮮奶300g、蛋50g(約1個蛋)、奶油7g、砂糖75g、低筋麵粉40g。

【煎烤溫度】
用小火煎約2～3分鐘。

❶先備妥餡的部份：將蛋與砂糖攪拌均勻。

甜・餅・捲

❷倒入低筋麵粉攪拌均勻。

❸將鮮奶加熱至煮開。

❹倒入已拌勻之蛋、砂糖與低筋麵粉攪拌。

❺一邊加熱一邊攪拌，要注意底部之麵糊要刮起。

❻攪拌至黏稠狀再加入奶油，即可離火待用。

❼皮的部份：蛋與糖混合攪拌。

❽加入稍微溶解之奶油。

❾再加入水調和。

❿倒入低筋麵粉攪拌均勻。

⓫最後加入鮮奶拌勻即可。

⓬平底鍋先加熱，倒入適量之麵糊水，以小火煎2～3分鐘。

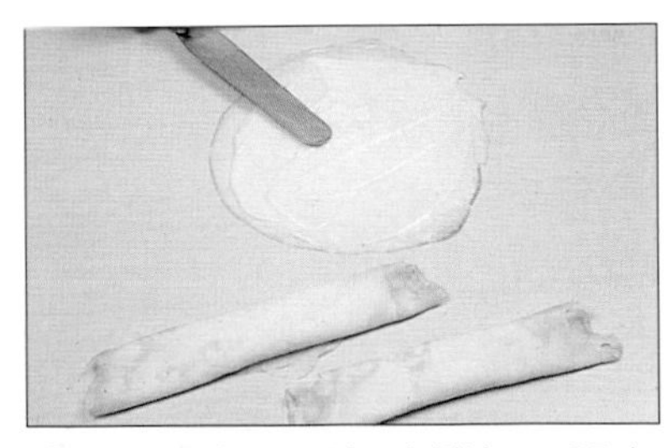

⓭夾入甜餡，將麵皮捲起，即大功告成。

桃・酥

【注意事項】
小蘇打用水攪拌至溶解。

【準備器具】
鋼盆、量杯、橡膠刮刀、打蛋器、烤盤、量杯、塑膠刮版、毛刷。

【準備材料】每個40g，約16個
低筋麵粉(A)……………200g
奶油…………………………110g
糖粉…………………………150g
水……………………………40g
小蘇打粉……………………2g
核桃…………………………30g
腰果…………………………20g
低筋麵粉(B)……………100g

【其他配料】
蛋黃(表面塗刷之用)………適量

【烤焙溫度】
200℃烤約18～20分鐘。

❶奶油加入糖粉用打蛋器攪拌均勻。

❷倒入已溶解之小蘇打水。

❸加入低筋麵粉(A)，用橡膠刮刀攪拌均勻。

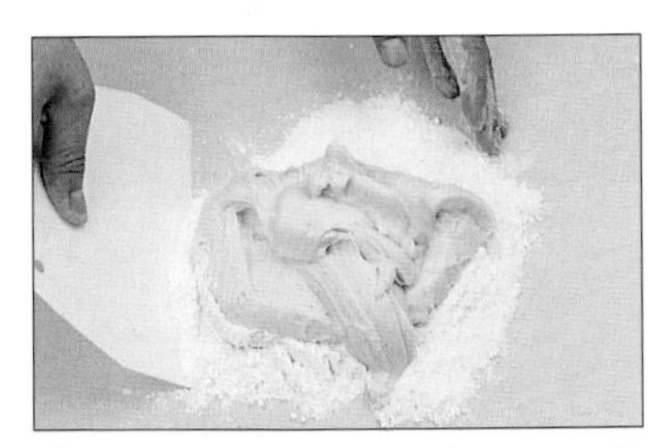

❹移至桌面與低筋麵粉(B)用手拌勻。

❺將腰果與核桃先切碎，再與麵糰混合。

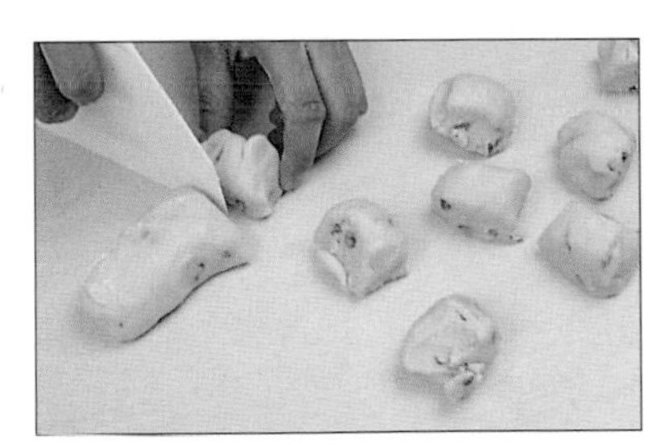

❻把麵糰分割成每個40g重，再滾圓。

❼排入烤盤後，用手掌稍微將麵糰壓平。

❽表面刷上蛋黃，以200℃烘烤約18～20分鐘。

椰・果・凍

【注意事項】

糖與吉利T(果凍粉)先行攪拌，再倒入水中，吉利T會較易溶解。

【準備器具】

鋼盆、湯瓢、打蛋器、玻璃杯、量杯。

【準備材料】

每個100g，約8～9個

柳橙汁……………………600g
水…………………………200g
砂糖…………………………20g
吉利T (果凍粉)……………20g
奇異果丁…………………適量
椰果………………………200g

❶將柳橙汁與水煮開，加入糖與吉利T (果凍粉)拌勻。

❷倒入椰果與奇異果丁。

❸用湯瓢舀入玻璃杯中，放入冷藏冰箱，待凝固即可食用。

茶・凍

【注意事項】
糖與吉利T(果凍粉)先攪拌再倒入水中，吉利T會較易溶解。抹茶粉部份也先與少量水調開。

【準備器具】
鋼盆、湯瓢、打蛋器、玻璃杯、量杯、平盤(長27公分×寬20公分×深2.5公分)、濾網。

【準備材料】約1盤
水1600g、砂糖160g、吉利T(果凍粉)40g、抹茶粉6g。

❶抹茶粉部份先與少量水調開。

❷用小湯匙把糖與吉利T(果凍粉)攪拌均勻較易溶解。

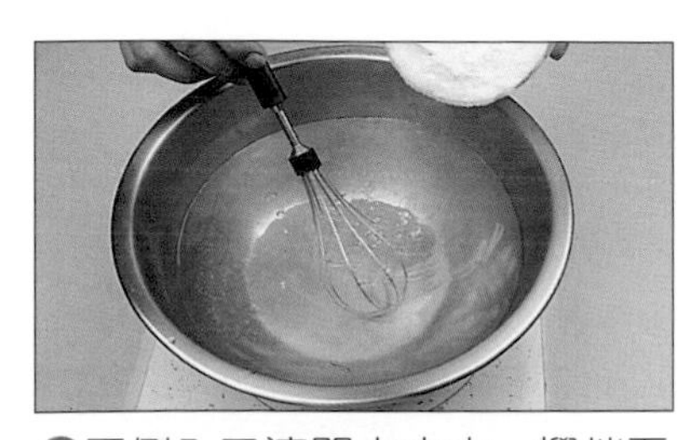

❸再倒入已滾開之水中，攪拌至糖與吉利 T 溶解。

❹加入已調開之抹茶粉漿。

❺倒入平盤中，上面用濾網濾去雜質與氣泡，放入冰箱冷藏，待凝固即可切成所需大小。

羊・羹

【注意事項】
洋菜需先泡於水中1小時以上才會溶解。

【準備器具】
鋼盆、打蛋器、量杯、平盤(長27公分×寬20公分×深2.5公分)、橡膠刮刀。

【準備材料】約1盤

材料	份量
水	380g
洋菜	12g
砂糖	450g
麥芽	12g
烏豆沙	500g

❶洋菜需先泡於水中1小時以上。

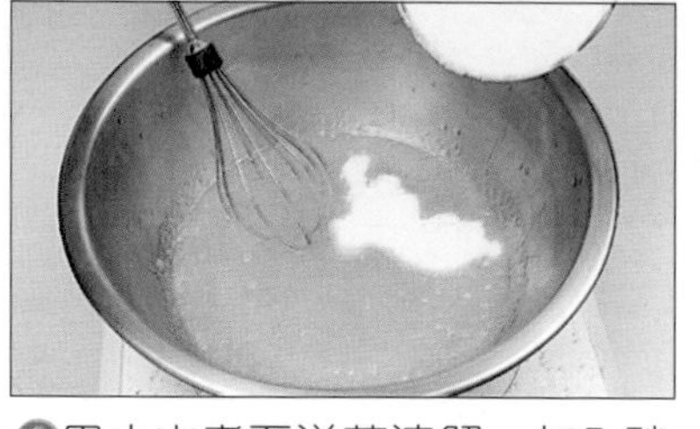

❷用小火煮至洋菜溶解，加入砂糖。

❸加入麥芽，用小火繼續煮開。

❹煮至黏稠狀，用橡膠刮刀拉起會有絲狀產生。

❺加入烏豆沙餡，攪拌均勻。

❻加入已抹油之平盤中，稍微抹平，放入冰箱冷藏，待凝固即可切成所需大小。

豆・花

【注意事項】
糖與吉利T(果凍粉)先行攪拌再倒入水中，吉利T會較易溶解。

【準備器具】
鋼盆、打蛋器、大玻璃杯、量杯、濾網。

【準備材料】約3大杯

豆漿(未加糖)··················800g
砂糖································40g
吉利T(果凍粉)··················15g

❶糖與吉利T(果凍粉)先行攪拌均勻。

❷豆漿煮開後，加入糖與吉利T(果凍粉)。

❸倒入大玻璃杯，上面用濾網濾去雜質與氣泡，放入冰箱冷藏，待凝固後即可刮成薄片供食。

各·式·奶·油·打·法

發泡鮮奶油打法

【注意事項】要注意溫速度與溫度的配合，這樣鮮奶油打起來才會有光澤，吃起來也才會有細膩的口感。

【準備材料】裝飾用之鮮奶油

【準備器具】手提攪拌器、鋼盆。

【其他配料】冰塊，冰水。

❶將鮮奶油倒入鋼盆中，盆子下需放置冰水及冰塊(可使鮮奶油在操作時保持低溫)，先用中速將鮮奶油打發。

❷再用高速打均勻，至鮮奶油，有光澤、堅挺即可。

發泡咖啡奶油打法

【注意事項】奶油先置於常溫解凍。

【準備材料】奶油300g、糖粉150g、沙拉油30g、咖啡粉20g、蘭姆酒 20g

【準備器具】手提攪拌器、鋼盆、量杯、塑膠刮刀。

❶用蘭姆酒將咖啡調開。

❷倒入已打發之發泡奶油中，攪拌均勻即可(發泡奶油作法請參照本頁發泡奶油打法❶～❸。

發泡奶油打法

【注意事項】奶油先置於常溫解凍。

【準備材料】奶油300g、糖粉 150g、沙拉油50g

【準備器具】手提攪拌器、鋼盆、量杯。

❶先準備奶油部份：將奶油先打軟。

❷加入糖粉拌勻打發。

❸打發後再加入沙拉油，即完成發泡奶油之製作。

發泡巧克力奶油打法

【注意事項】奶油先置於常溫解凍。

【準備材料】奶油300g、糖粉150g、沙拉油30g、軟質巧克力150g

【準備器具】手提攪拌器、鋼盆。

❶將軟質巧克力加入已打發之發泡奶油中攪拌均勻即可(發泡奶油作法請參照本頁發泡奶油打法❶～❸。

檸・檬・蛋・糕

❶先準備餡料部份：將檸檬醬、發泡鮮奶油拌勻待用(發泡鮮奶油作法請參照112頁)。

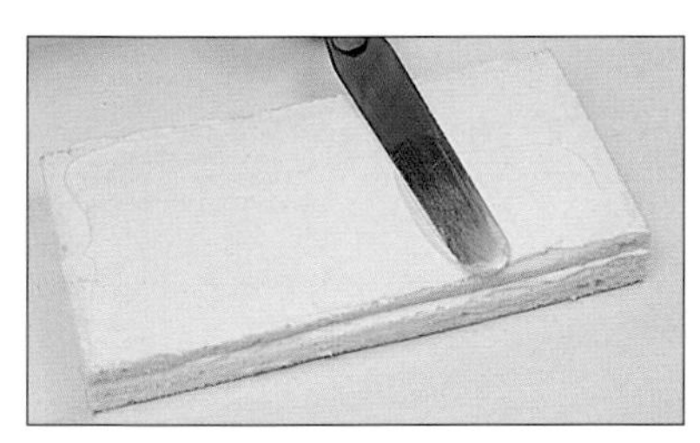

❷將準備好之蛋糕夾上餡料，在表面抹上鮮奶油(蛋糕作法請參照114 、115頁❶～⓮)。

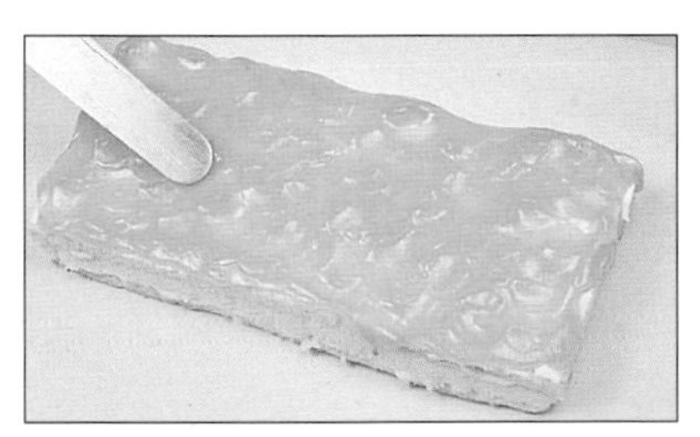

❸在表面抹上不規則之檸檬醬。

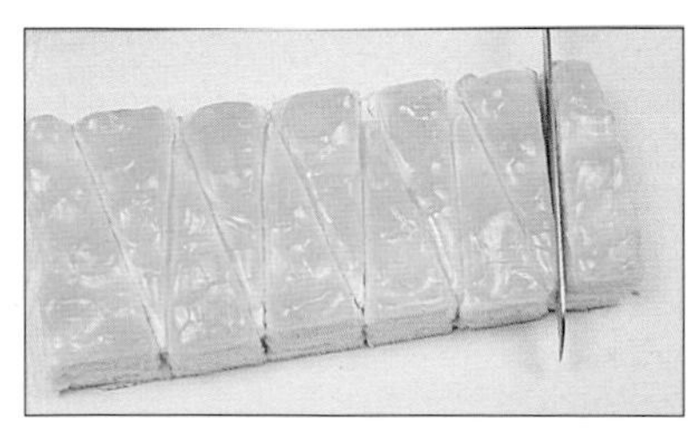

❹用刀切成三角形，再放上檸檬片。

【注意事項】
麵糊攪拌完成後，需儘快進烤箱烤焙。

【準備器具】
烤盤(23公分×33公分×高2公分)、出爐網架、分蛋器、手提式攪拌機、打蛋器、鐵尺、鋸齒刀、塑膠刮版、白報紙。

【準備材料】烤盤一盤量
桔子水40g、沙拉油30g、砂糖(A)40g、低筋麵粉100g、泡打粉3g、蛋黃70g(約4個蛋黃)、香草粉少許、蛋白140g(約4個蛋白)、砂糖(B)80g、塔塔粉2g

【發泡鮮奶油】
裝飾用之鮮奶油300g。

【內餡材料】
檸檬醬200g、發泡鮮奶油100g

【其他配料】
檸檬醬(裝飾用)適量
檸檬(裝飾用)適量
發泡鮮奶油(裝飾與夾心用)適量

【烤焙溫度】
190℃約烤15分鐘。

【注意事項】

麵糊攪拌完成後，需儘快進烤箱烤焙。

【準備器具】

烤盤(23公分×33公分×高2公分)、出爐網架、分蛋器、手提式攪拌機、打蛋器、鐵尺、鋸齒刀、塑膠刮版、白報紙。

【準備材料】烤盤一盤量

桔子水40g、沙拉油30g、砂糖(A)40g、低筋麵粉100g、泡打粉3g、蛋黃70g(約4個蛋黃)、香草粉少許、蛋白140g(約4個蛋白)、砂糖(B)80g、塔塔粉2g

【發泡鮮奶油】

裝飾用之鮮奶油300g。

【其他配料】

奇異果(裝飾與夾心用)適量
紅櫻桃(裝飾與夾心用)適量
發泡鮮奶油(裝飾與夾心用)適量

【烤焙溫度】

190℃烤約15分鐘。

❶先將蛋白與蛋黃分開。

❷將蛋黃與砂糖(A)混合攪拌至糖溶解(不要太用力，以免蛋黃被打發)。

❸加入桔子水拌勻。

奇・異・果・蛋・糕

❹再加入沙拉油拌勻。

❺倒入低筋麵粉、泡打粉與香草粉拌勻待用。

❻蛋白與砂糖(B)、塔塔粉混合打發。

❼打發至蛋白拉起時可成圓椎狀，並有彈性。

❽將部份蛋白與蛋黃麵糊混合拌勻。

❾倒入剩餘之蛋白中，攪拌均勻即可，(此時攪拌時間勿太長)。

❿將麵糊倒入已鋪上紙的烤盤中。

⓫用刮板將麵糊刮平，以190℃烤約15分鐘。

⓬待蛋糕冷卻後，換上新的底紙。

⓭將蛋糕用尺裁成3等分。

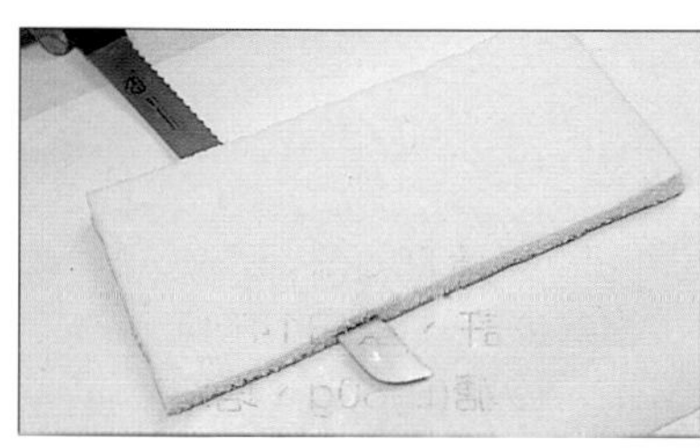

⓮再將每一片蛋糕橫切一刀，分為上下兩片。

⓯取一片蛋糕，在上面抹上發泡鮮奶油(發泡鮮奶油作法請參照112頁)。

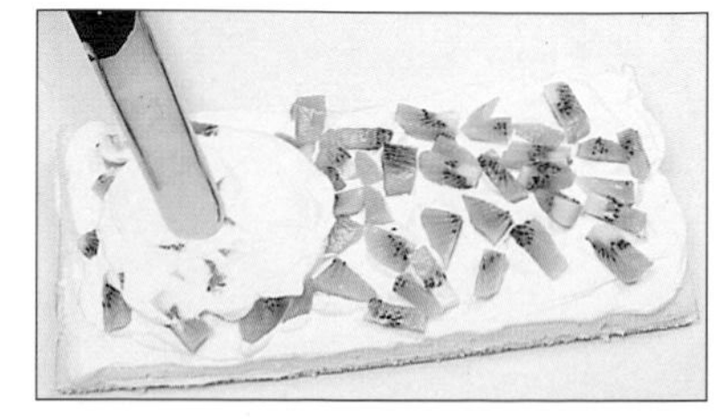

⓰鋪上奇異果丁作為夾心，再鋪上蛋糕，重複動作⓯～⓰一次。

⓱切成所需之大小，用擠花袋擠上花紋。

⓲裝飾奇異果及紅櫻桃即完成。

栗·子·蛋·糕

【注意事項】
麵糊攪拌完成後，需儘快進烤箱烤焙。

【準備器具】
烤盤(23公分×33公分×高2公分)、出爐網架、分蛋器、手提式攪拌機、打蛋器、鐵尺、鋸齒刀、塑膠刮版、白報紙。

【準備材料】烤盤一盤量
桔子水……………………40g
沙拉油……………………30g
砂糖(A)…………………40g
低筋麵粉………………100g
泡打粉……………………3g
蛋黃…………70g(約4個蛋黃)
香草粉…………………少許
蛋白………140g(約4個蛋白)
砂糖(B)…………………80g
塔塔粉……………………2g

【發泡鮮奶油】
裝飾用之鮮奶油…………300g

【內餡材料】
栗子粒…………………200g

【栗子泥】
栗子豆沙………………300g
鮮奶油…………………100g

【其他配料】
巧克力片(裝飾用)…………適量
栗子粒(裝飾用)……………適量

【烤焙溫度】
以190℃烤約15分鐘。

❶先準備栗子泥部份：將栗子豆沙與鮮奶油混合。

❷用橡膠刮刀將栗子豆沙與鮮奶油拌成泥狀待用。

❸待蛋糕冷卻後，換上新的底紙。(蛋糕作法請參照114、115頁❶～⓬)。

❹將蛋糕用尺裁成3等分再橫切，夾上切碎之栗子粒。

❺再擠上備好之栗子泥。

❻切成所需之大小，再裝飾栗子粒與巧克力。

【注意事項】
麵糊攪拌完成後，需儘快進烤箱烤焙。咖啡粉先與桔子水調開。

【準備器具】
烤盤(23公分×33公分×高2公分)、出爐網架、分蛋器、手提式攪拌機、打蛋器、鐵尺、鋸齒刀、塑膠刮版、白報紙。

【準備材料】烤盤一盤量
桔子水40g、沙拉油30g、砂糖(A)40g、低筋麵粉100g、泡打粉3g、蛋黃70g(約4個蛋黃)、咖啡粉15g、香草粉少許、蛋白140g(約4個蛋白)、砂糖(B)80g、塔塔粉2g。

【發泡鮮奶油】
裝飾用之鮮奶油300g。

【其他配料】
巧克力米(裝飾表面用)適量
巧克力片(裝飾表面用)適量
發泡水蜜桃(夾心用)適量
發泡鮮奶油(裝飾與夾心用)適量

【烤焙溫度】
以190℃烤約15分鐘。

咖啡・蛋糕

❶咖啡粉先與桔子水調開。

❷先將蛋白與蛋黃分開，蛋黃與砂糖(A)混合攪拌至糖溶解(不要太用力，以免蛋黃被打發)。

❸倒入已調勻之桔子水與咖啡。

❹加入沙拉油攪拌均勻。

❺倒入低筋麵粉、泡打粉與香草粉拌勻待用。

❻蛋白與砂糖(B)、塔塔粉混合打發，發泡至蛋白拉起時可成圓椎狀，並有彈性。

❼將部份蛋白與蛋黃麵糊混合拌勻。

❽倒入剩餘之蛋白中，攪拌均勻即可，(此時攪拌時間勿太長)。

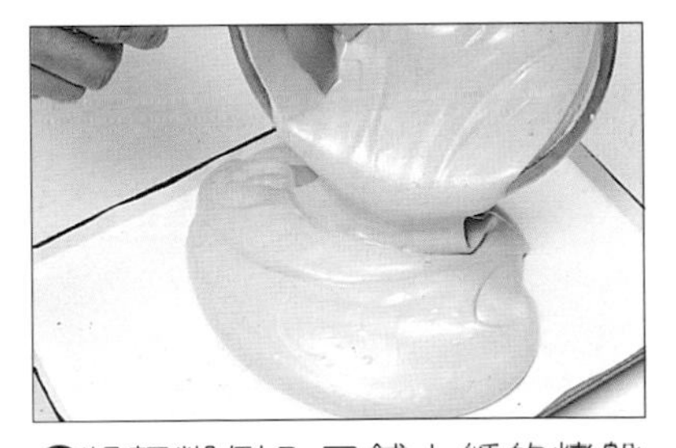

❾將麵糊倒入已鋪上紙的烤盤中，用刮板將麵糊刮平，以190℃烤約15分鐘。

❿鋪上水蜜桃丁作為夾心，再鋪上蛋糕，(蛋糕夾心作法請參照115頁⓬～⓰，發泡鮮奶油作法請參照112頁)。

⓫切成所需大小，裝飾發泡鮮奶油與其他裝飾材料即成。

【注意事項】

麵糊攪拌完成後，需儘快進烤箱烤焙。可可粉先與水煮開拌勻。

【準備器具】

烤盤(23公分×33公分×高2公分)、出爐網架、分蛋器、手提式攪拌機、打蛋器、鐵尺、鋸齒刀、塑膠刮版、白報紙。

【準備材料】烤盤一盤量

水55g、可可粉12g、小蘇打粉2g、砂糖(A)40g、低筋麵粉80g、泡打粉3g、蛋黃70g(約4個蛋黃)、沙拉油65g、蛋白140g(約4個蛋白)、砂糖(B) 80g、塔塔粉2g。

【發泡巧克力奶油】

奶油300g、糖粉150g、沙拉油30g、軟質巧克力150g。

【其他配料】

巧克力醬(裝飾表面用)適量
可可粉(裝飾表面用)適量
巧克力發泡奶油(裝飾與夾心用)適量

【烤焙溫度】

以190℃烤約15分鐘。

巧·克·力·蛋·糕

❶可可粉先與水煮開拌勻。

❷加入小蘇打粉拌勻。

❸先將蛋白與蛋黃分開，蛋黃與砂糖(A)混合攪拌至糖溶解(不要太用力，以免蛋黃被打發)。

❹倒入已煮開之可可粉水。

❺加入低筋麵粉、泡打粉拌勻待用。

❻蛋白、砂糖(B)與塔塔粉混合打發，發泡至蛋白拉起時可成圓椎狀，並有彈性。

❼將部份蛋白與蛋黃麵糊混合拌勻，再倒入剩餘之蛋白中，攪拌均勻即可。

❽將麵糊倒入已鋪上紙的烤盤中，用刮板將麵糊刮平，以190℃烤約15分鐘。

❾蛋糕夾心後，切成所需大小，在上面裝飾發泡巧克力奶油(蛋糕夾心作法請參照115頁⓬～⓰，發泡巧克力奶油作法請參照112頁)。

❿用濾網撒上些可可粉。

⓫在中間擠上巧克力醬，即告完成。

藍・莓・蛋・糕

【注意事項】
麵糊攪拌完成後，需儘快進烤箱烤焙。咖啡粉先與桔子水調開。

【準備器具】
烤盤(23公分×33公分×高2公分)、出爐網架、分蛋器、手提式攪拌機、打蛋器、鐵尺、鋸齒刀、塑膠刮版、白報紙。

【準備材料】烤盤一盤量
桔子水40g、沙拉油30g、砂糖(A)40g、低筋麵粉100g、泡打粉3g、蛋黃70g(約4個蛋黃)、咖啡粉15g、香草粉少許、蛋白140g(約4個蛋白)、砂糖(B) 80g、塔塔粉2g。

【發泡鮮奶油】
裝飾用之鮮奶油300g。

【內餡材料】
藍莓醬200g、發泡鮮奶油100g。

【其他配料】
藍莓醬(裝飾用)適量、珍珠果(裝飾用)適量、發泡鮮奶油(裝飾與夾心用)適量。

【烤焙溫度】
以190℃烤約15分鐘。

❶先準備餡料部份，將藍莓醬與發泡鮮奶油一起攪拌(發泡鮮奶油作法請參照112頁)。

❷將藍莓醬與發泡鮮奶油攪拌均勻即可。

❸將備好之蛋糕夾上餡料，在表面抹上鮮奶油(蛋糕作法請參照119頁❶～❾，蛋糕夾心作法請參照115頁⓬～⓰)。

❹在表面抹上不規則之藍莓醬。

❺用刀切成所需之大小，再放上珍珠果。

黑‧櫻‧桃‧蛋‧糕

【注意事項】麵糊攪拌完成後需儘快進烤箱烤焙。可可粉先與水煮開拌勻。

【準備器具】烤盤(23公分×33公分×高2公分)、出爐網架、分蛋器、手提式攪拌機、打蛋器、鐵尺、鋸齒刀、塑膠刮版、白報紙。

【準備材料】烤盤一盤量

水55g、可可粉12g、小蘇打粉2g、砂糖(A) 40g、低筋麵粉80g、泡打粉3g、蛋黃70g(約4個蛋黃)、沙拉油65g、蛋白140g(約4個蛋白)、砂糖(B) 80g、塔塔粉2g。

【發泡鮮奶油】

裝飾用之鮮奶油300g。

【其他配料】

巧克力醬(裝飾表面用)適量
黑櫻桃(裝飾表面用)適量
杏仁角(烤熟、夾心用)適量
發泡鮮奶油(裝飾與夾心用)適量

【烤焙溫度】

以190℃烤約15分鐘。

❶蛋糕夾上烤熟的杏仁角(蛋糕作法請參照121頁❶～❽，蛋糕夾心作法請參照115頁⓬～⓰，發泡鮮奶油作法請參照112頁)。

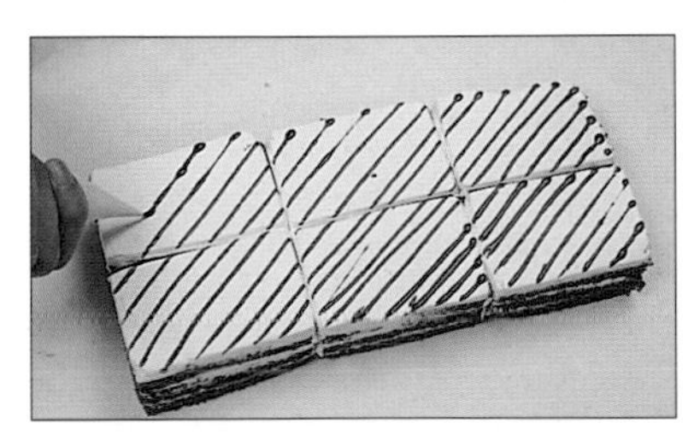

❷先切成所需之大小，在表面擠上巧克力線條。

❸擠上鮮奶油圈圈。

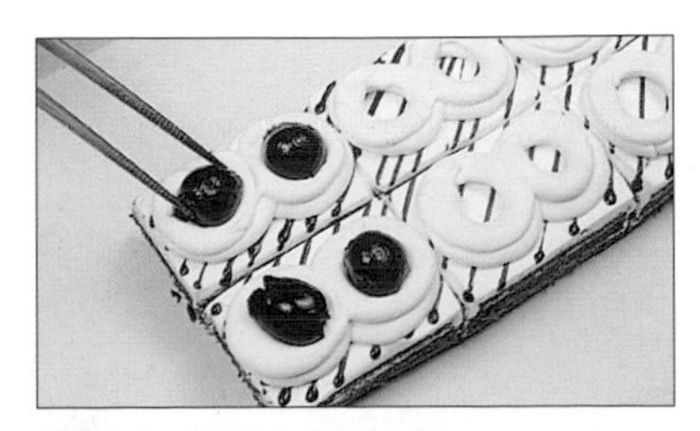

❹裝飾黑櫻桃即完成。

風・扇・蛋・糕

【注意事項】
麵糊攪拌完成後，需儘快進烤箱烤焙。

【準備器具】
烤盤(23公分×33公分×高2公分)、出爐網架、分蛋器、手提式攪拌機、打蛋器、鐵尺、鋸齒刀、塑膠刮版、白報紙。

【準備材料】烤盤一盤量
桔子水40g、沙拉油30g、砂糖(A)40g、低筋麵粉100g、泡打粉3g、蛋黃70g(約4個蛋黃)、香草粉少許、蛋白140g(約4個蛋白)、砂糖(B) 80g、塔塔粉2g

【發泡奶油】
奶油300g、糖粉150g、沙拉油50g。

【其他配料】
巧克力片(裝飾用)適量、發泡奶油(裝飾用)適量、檸檬餡(裝飾用)適量、南瓜子(裝飾用)適量。

【烤焙溫度】
以190℃烤約15分鐘。

❶將巧克力片隔水加熱，使巧克力溶解。

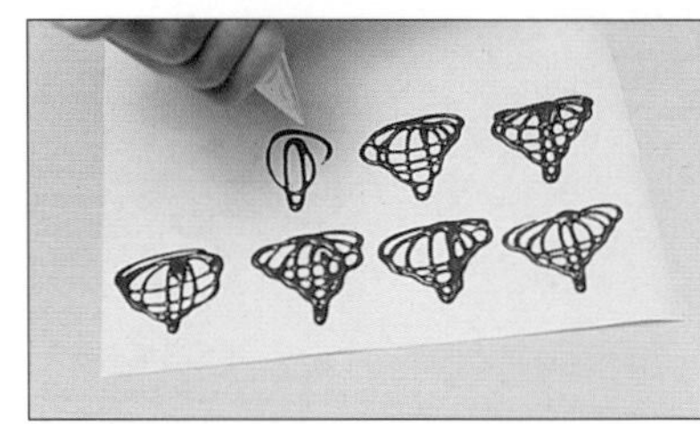

❷裝入擠花袋，在白報紙上擠上風扇型之巧克力片待用。

❸用鋸齒刀在表面刮上紋路(蛋糕作法請參照114 、115頁❶～⑯)。

❹切成所需之大小，裝飾上發泡奶油花(發泡奶油作法請參照112頁)。

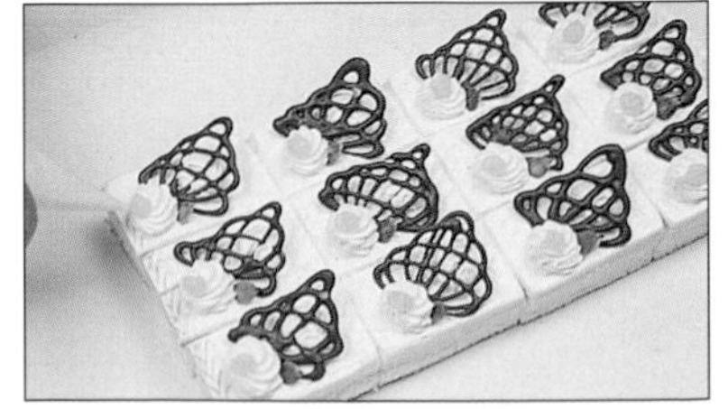

❺裝飾準備好的巧克力片、檸檬醬與南瓜子。

腰・果・蛋・糕

【注意事項】
麵糊攪拌完成後，需儘快進烤箱烤焙。咖啡粉先與桔子水調開。可可粉先與水煮開拌勻。

【準備器具】
烤盤(23公分×33公分×高2公分)、出爐網架、分蛋器、手提式攪拌機、打蛋器、鐵尺、鋸齒刀、塑膠刮版、白報紙。

【咖啡蛋糕材料】烤盤一盤量
桔子水40g、沙拉油30g、砂糖(A)40g、低筋麵粉100g、泡打粉3g、蛋黃70g(約4個蛋黃)、咖啡粉15g、香草粉少許、蛋白140g(約4個蛋白)、砂糖(B) 80g、塔塔粉2g。

【巧克力蛋糕材料】烤盤一盤量
水55g、可可粉12g、小蘇打粉2g、砂糖(A)40g、低筋麵粉80g、泡打粉3g、蛋黃70g(約4個蛋黃)、沙拉油65g、蛋白140g(約4個蛋白)、砂糖(B) 80g、塔塔粉2g。

【發泡奶油】
奶油300g、糖粉150g、沙拉油50g。

【發泡咖啡奶油】
奶油300g、糖粉150g、沙拉油30g、咖啡粉20g、蘭姆酒20g。

【其他配料】
巧克力片(裝飾表面用)適量、發泡奶油(裝飾表面用)適量、發泡咖啡奶油(裝飾與夾心用)適量、腰果(裝飾表面用)適量。

【烤焙溫度】
以190℃烤約15分鐘。

❶將巧克力片隔水加熱，使巧克力溶解。

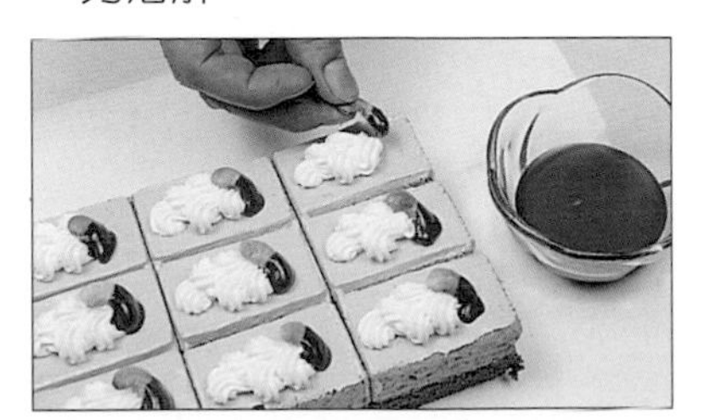

❸裝飾上沾有巧克力醬之腰果即成(腰果請先烤熟)。

❷蛋糕切成所需之大小，裝飾上發泡奶油花(咖啡蛋糕作法請參照119頁❶～❾，巧克力蛋糕作法請參照121頁❶～❽，發泡奶油作法請參照112頁)。

黑·森·林·蛋·糕

【注意事項】
麵糊攪拌完成後需儘快進烤箱烤焙。可可粉先與水煮開拌勻。

【準備器具】
烤盤(23公分×33公分×高2公分)、出爐網架、分蛋器、手提式攪拌機、打蛋器、鐵尺、鋸齒刀、塑膠刮版、白報紙。

【準備材料】烤盤一盤量
水55g、可可粉12g、小蘇打粉2g、砂糖(A)40g、低筋麵粉80g、泡打粉3g、蛋黃70g(約4個蛋黃)、沙拉油65g、蛋白140g(約4個蛋白)、砂糖(B) 80g、塔塔粉2g。

【發泡巧克力奶油】
奶油300g、糖粉150g、沙拉油30g、軟質巧克力150g。

【其他配料】
巧克力片(裝飾用)適量、發泡巧克力奶油(裝飾與夾心用)適量。

【烤焙溫度】
以190℃烤約15分鐘。

❶用小刀將巧克力片切成碎片待用。

❷將蛋糕切成所需之大小(巧克力蛋糕作法請參照121頁❶～❽，蛋糕夾心作法請參照115頁⓬～⓰，發泡巧克力奶油作法請參照112頁)。

❸在表面四週擠上發泡奶油。

❹將備好之巧克力碎片鋪在蛋糕上。